一本书明白

珍珠鸡高效养殖技术

YIBENSHU

MINGBAI

ZHENZHUJI

GAOXIAOYANGZHI

JISHU

黄炎坤　张立恒　主编

"十三五"国家重点
图书出版规划

新型职业农民书架·
养活天下系列

山东科学技术出版社　山西科学技术出版社　中原农民出版社
江西科学技术出版社　安徽科学技术出版社　河北科学技术出版社
陕西科学技术出版社　湖北科学技术出版社　湖南科学技术出版社

 中原农民出版社　　　　　　　　　　联合出版

U0242745

图书在版编目（CIP）数据

一本书明白珍珠鸡高效养殖技术 / 黄炎坤, 张立恒
主编. — 郑州 : 中原农民出版社, 2018.10
（新型职业农民书架）
ISBN 978-7-5542-2008-5

Ⅰ.①—… Ⅱ.①黄… ②张… Ⅲ.①珍珠鸡—饲养
管理 Ⅳ.①S833

中国版本图书馆CIP数据核字（2018）第223355号

一本书明白珍珠鸡高效养殖技术

主　编　黄炎坤　张立恒

副主编　任　静　杜　洋

参　编　杜　娟　曹春戈　王纪民　吴太谦

出版发行　中原出版传媒集团　中原农民出版社

　　　　　（郑州市经五路66号　邮编：450002）

电　话　0371-65788655

印　刷　河南安泰彩印有限公司

开　本　787mm×1092mm　1/16

印　张　12.5

字　数　185千字

版　次　2019年1月第1版

印　次　2019年1月第1次印刷

书　号　ISBN 978-7-5542-2008-5

定　价　68.00元

目录
Contents

专题一
珍珠鸡养殖概述

专题提示

　　过去，珍珠鸡由于羽毛美丽、体态优雅，一直被世界各地动物园作为珍稀的观赏鸟饲养，后来经过人们选择驯化和饲养，逐渐成为家禽中的一个肉用型品种，目前在不少国家已普遍养殖。

一、珍珠鸡养殖现状

　　珍珠鸡（图1），又称珠鸡、山鸡等，最先从非洲传入欧洲，并被大量饲养。法国的珍珠鸡育种技术和饲养规模最为领先，1985年法国饲养珍珠鸡量达到5 000万只，约占肉用家禽消费量的20％。在意大利的禽肉生产中，珍珠鸡肉占30％左右。由于珍珠鸡肉味道鲜美，营养丰富，蛋白质含量高达23.3％，脂肪占7.5％，具有营养滋补功能，并且对神经衰弱、心脏病、冠心病、高血压、妇科病均有一定的食疗作用，所以非洲国家一贯把珍珠鸡作为高级食品。亚洲虽然有饲养，但数量有限。近年来，由于国外消费者对肉用家鸡的肉味清淡日渐不满意，国际市场上有寻求野味品代替的倾向，使得珍珠鸡饲养业开始向大规模的工厂化生产发展。

　　在亚洲国家中，以日本发展最先，现饲养量达到200万只左右，依然无法满足其国内市场需求，每年从国外大量进口。

图1　珍珠鸡

　　我国最早于1956年从苏联引进珍珠鸡并饲养成功，但几十年来主要把珍珠鸡作为观赏鸟饲养。大规模的人工驯化饲养是在 1985 年从法国引进珍珠鸡在北京试养成功之后，经过不断摸索，到了 2012 年养殖技术开始成熟并推广到许多城市。目前我国饲养珍珠鸡近 50 万只。如今，珍珠鸡已成为一种优质的肉用特种珍禽，其肉质细嫩、营养丰富、味道鲜美，与普通肉鸡相比，蛋白质、氨基酸含量高，而脂肪、胆固醇含量很低，还具有较好的毛用和药用价值，是一种经济效益高的特种珍禽。珍珠鸡适应性好，抗病力强，对设备和房舍要求简单，所以从事珍珠鸡饲养投资少、成本低、周转快、效益高。近几年来，随着珍珠鸡饲养技术不断地成熟，珍珠鸡养殖在我国得到了一定发展，北方一些省市已建立起较大规模的养殖场（图 2），但市场空缺仍然较大；伴随珍珠鸡肉、羽毛深加工项目的进一步开展，药用功能的不断开发以及独特的观赏价值，珍珠鸡养殖将会有更为广阔的发展前景。

图 2　人工养殖的珍珠鸡

我国珍禽饲养生产虽然起步较晚，但市场潜力较大，发展前景广阔，加之人们的饲养积极性非常高，规模饲养是必经之路。从技术上来讲，各类珍禽的饲养和疫病防治技术已经相对成熟，技术普及程度也较高。但搞特色养殖必须要先摸清市场行情，客观地把握市场动向，在产品销售上下足功夫。特色养殖靠出奇致富，收益与风险并存，市场容量本身较小，周期易变，养殖户在选择品种之"特"的同时，千万不能忽视市场的特殊性。有的农户养殖之前并不了解市场行情，具有一定的盲目性，很可能面临销售渠道不畅的困境，必须先要解除特色养殖的后顾之忧，方能取得可观的经济效益。

养殖珍珠鸡的目的主要是生产珍珠鸡肉、蛋和羽毛，个别是用于观赏。在很多城郊农家乐园区内都饲养有一定数量的珍珠鸡；一些以休闲娱乐为主的农业庄园也逐渐重视珍珠鸡的养殖。

二、珍珠鸡养殖存在的问题

珍珠鸡作为一种具有特色优势的禽类，虽然具有肉质好、肉味浓、抗病力强、生产性能较好等优点，但是其引进我国的时间较短，在很多地方尚不为人们所认知，因此在其发展过程中还存在一些问题。

1. 缺乏技术规范

珍珠鸡的养殖量较少，而且大多数属于小规模养殖，真正的规模化珍珠鸡场很少。正是基于此，我国目前尚未制定出珍珠鸡的饲养标准，也缺乏专用的全价配合饲料及专用添加剂，致使珍珠鸡的生产能力降低和品质退化。对于种珍珠鸡在不同周龄的体重发育和喂料量也缺乏标准，造成一些养殖场饲养的种珍珠鸡体重不达标或超标，影响其繁殖性能。

2. 缺乏品种选育标准

目前国内的珍珠鸡场不多，建立珍珠鸡系谱的种珍珠鸡场更少，有的珍珠鸡场自身的饲养量不多，常常从一些养殖户那里收购种蛋进行孵化并向其他地方销售。因此，在缺少系统选育的情况下，养殖者分辨不出品种与变种、父母代与商品代。甚至没有种与非种之分，均作为种来销售，致使珍珠鸡的种源混乱。

3. 炒种行骗现象严重

有些人利用我国特禽行业机制不健全和人们急于致富的心态，采用以次充好、以商品珍珠鸡冒充种珍珠鸡、放种高价回收、发布虚假广告等手段，诱骗养殖户高价购买种珍珠鸡。一旦钱财到手，不是想尽办法拒绝回收就是携款而逃，害得养殖户血本无归，甚至倾家荡产，严重阻碍了我国特禽业健康、有序的发展。

4. 产品开发明显滞后

目前，一些珍珠鸡养殖场户注重的是养殖过程和销售情况，很多人不注重珍珠鸡产品的开发。虽然少数的养殖场开发了一些产品，仍没有充分利用现有资源进行高端产品的开发，造成特种经济禽类的产品以活禽和鲜蛋的形式零星销售，在销售价格上没有优势。

5. 科研与生产脱节

珍珠鸡养殖在我国仍属于缓慢发展中的行业，由于养殖总量小，没有成为科研工作者的关注重点，有关高校和科研单位在种珍珠鸡生产和产品开发方面投入的人力和经费很少。因此，在品种提纯、性能提高、疫病控制、产品研发、标准制定等方面都有待研究提升。即便是数量有限的科研成果也常常由于所使用的珍珠鸡群缺少代表性，而无法有效地用于指导生产。目前，国内的珍珠鸡生产更多的是靠经验和教训。

6. 产业化水平低

珍珠鸡养殖业尚未形成生产、经营、加工、销售相互依存、利弊共担的有机体，竞争能力和抗风险能力差。同时，缺乏龙头企业带动和整体开发战略，既不能形成竞争力，又无价格优势、品种优势，产品不能联合进入市场，不能抵御起伏不定的市场波动，也缺乏高、精、尖、细的加工工艺、技术等。

三、珍珠鸡养殖所需条件

珍珠鸡作为特种经济禽类有很多自身的生物学特性，养殖者在投资珍珠鸡养殖方面需要充分考虑自身条件以确定是否能够进入该行业，尽可能减少投资失误。

1. 充分了解市场需求

珍珠鸡养殖效益在很大程度上取决于市场对种珠鸡的需求。因此，在投资珍珠鸡养殖之前需要了解当地对种珍珠鸡的消费量，一般的消费主要在旅游度假区的餐馆，城市郊区休闲观光景区的农家乐、垂钓园的餐馆，城市的农产品贸易市场也有一定的消费量。由于珍珠鸡的总体消费量较少，小规模养殖场（户）的产品销售范围一般不超过方圆200千米，如果是和城市中的某些贸易公司合作，销售范围会更远。

了解市场需求有助于决定是否投资或确定饲养规模的大小。大多数情况下商品珍珠鸡的销售常是零星出售；如果是与相关公司合作，则可能是大批量出售。

2. 充分了解供种场的情况

珍珠鸡的生产性能在很大程度上取决于种珠鸡的质量，如果种珠鸡经过系统选育，采用专用配套系繁育则其后代的生产性能会较高。如果种珠鸡场没有进行选育，只是从其他地方购买的来源不明的品种，其后代生产性能表现一般不理想。如目前饲养的珍珠鸡，有的12周龄平均体重能够达到1.5千克，有的仅为1.2千克，差别很大。

专题二
珍珠鸡生物学和经济学特性

专题提示

　　珍珠鸡具有适应性广、抗病力强、群居性强、善跃善飞、富神经质、择偶性强、繁殖期短、食谱较广等生物学特性。珍珠鸡作为一种肉用特禽鸡肉质细嫩、营养丰富、味道鲜美，屠宰率高，既适于普通家庭食用，更是宴席上的高档肉禽，具有较高的经济价值。

一、珍珠鸡的外貌特征

1. 外貌特征概述

　　珍珠鸡的体型似雌孔雀，成年个体的体长50～55厘米，体重2.0～2.5千克，头很小，面部淡青紫色，无羽毛，头顶无冠，有2.0～2.5厘米高的角质化突起物，称盔顶或肉锥。喙大尖而硬，喙尖端淡黄色，喙根部有红色软骨性突起，在喙的后下方左右各有一个心状肉垂。眼部四周无毛，有一圈白色斑纹直延至颈上部。颈细长，从头后至颈的中部有稀疏针状羽毛，皮肤呈紫蓝色。羽毛紧贴，富有光泽，两翼发达，善于飞翔。脚短，雏鸡时脚呈红色，成年后呈灰黑色，尾垂直向下，行走迅速。珍珠鸡的头部特征见图3。

图3　珍珠鸡的头部特征

2. 羽毛特征

珍珠鸡全身羽毛灰色，并有规则的圆形白点，形如珍珠。珍珠鸡形体圆矮，尾部羽毛较硬，略向下垂。珍珠鸡的羽毛特征见图4。

图4　珍珠鸡的羽毛特征

刚出壳时的珍珠鸡的外观特征与鹌鹑很相似，重约30克，喙、脚红色；全身棕褐色羽毛，背部有3条深色纵纹，腹部颜色较浅，喙、腹部均为红色，具有野生禽类特有的幼雏绒毛特征。到2月龄左右羽毛颜色开始发生变化，棕褐色羽毛被有珍珠圆点的紫灰色羽毛逐渐代替，不同品种的珍珠鸡羽毛颜色从灰白色到蓝黑色，差异很大。但是，同一品种内的个体基本相似。3周龄的珍珠鸡见图5。

图5　3周龄的珍珠鸡

珍珠鸡的毛色有差异，有的成年珍珠鸡羽毛颜色接近灰白色，而有的颜色很深，这都属于毛色变异。有的珍珠鸡养殖场把这些毛色出现变异的个体集中繁育而培育出新的种群。常见珍珠鸡的羽毛颜色见图6，白色珍珠鸡见图7。

图6 常见的珍珠鸡羽毛颜色　　　　　　图7 白色珍珠鸡

3. 头部特征

珍珠鸡的头部较小，头顶有一个向上偏后耸立的角质化锥形物。刚出壳的珍珠鸡幼雏头顶没有明显的冠状物，随着雏珠鸡的长大，在2月龄的时候其头顶长出深灰色坚硬的角质化盔顶，颈部肉髯逐渐长大。接近成年的个体头部、面部和颈部上段的皮肤裸露，多数种类有骨质盔；雄珍珠鸡头顶和羽冠黑色，裸露的脸部为蓝灰色；耳孔裸露，没有细短而密的羽毛覆盖；喙强而尖，喙前端淡黄色，后部红色，在喙的下方左右各有一个红色肉髯；鼻孔扁长形，上边缘有皮肤赘生物。

4. 胫脚部特征

与鸡相比，珍珠鸡的胫部较长，而且较细，有4个趾；距不明显。胫部颜色有的为灰褐色，有的为橘黄色。

5. 不同性别珍珠鸡的外貌特征差异

公珍珠鸡羽毛颜色与母珍珠鸡相同，其他特征也相似，只是肉垂较大，表面粗糙，颜色没有母珍珠鸡的鲜红；盔顶大而且颜色鲜红，有弹性，耸起较高。公、母珍珠鸡在羽色、外貌等性状上较难区别，主要从以下几个方面进行鉴定：

（1）翻肛门法　雏鸡时可用翻肛法检视其生殖结构进行区分，现在很多养殖场都用这个方法，准确度较高。公、母珍珠鸡的差别在于：公珍珠鸡有突出交尾器，母珍珠鸡没有。珍珠鸡性别鉴定分别见图8、图9、图10。

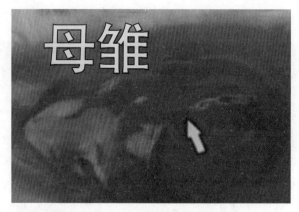

图8　翻开泄殖腔母雏没有生殖突起

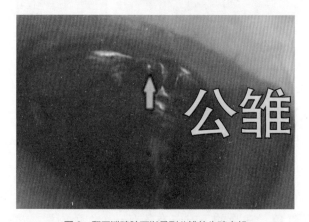

图9　翻开泄殖腔可以见到公雏的生殖突起

图10　翻肛法鉴别雏珍珠鸡性别

　　（2）看走姿　成年珍珠鸡行走姿势，公的似"将军式"，即正步走；母的似"缠脚式"，即双脚排成单行走交叉或踢脚走，类似于模特走猫步，见图11。

图 11 公、母珍珠鸡走路的姿势（上为母珍珠鸡、下为公珍珠鸡）

（3）看背羽白点　一般情况下，母珍珠鸡背羽的白色圆点比较小，颜色比较淡；公珍珠鸡的颈背羽上密缀着大而明显的白色圆点，较容易辨别。

（4）辨声法　成年的公珍珠鸡发出的声音是"嘎嘎嘎……"的叫声，声音短促而激昂，声音尖锐刺耳；而成年的母珍珠鸡发出的声音则是"咯嘎！咯嘎！"的叫声，声音缓柔从容。不管是什么时候公珍珠鸡都不会发出"咯嘎！咯嘎！"的叫声。

（5）体型　母珍珠鸡体型稍长，公珍珠鸡较浑圆。

（6）看盔顶和肉髯　母珍珠鸡的盔顶和肉髯比较小，肉髯平直向颈后弯，头较小；公珍珠鸡的盔顶和肉髯较大而粗糙，肉髯向内稍弯曲，有弹性，呈鲜红色，见图12。

图 12 公珍珠鸡的盔顶比母珍珠鸡大（左为母珍珠鸡、右为公珍珠鸡）

（7）看性情　公珍珠鸡反应机敏，偶有打斗行为。母珍珠鸡反应迟缓，性情温驯。

二、珍珠鸡的生物学特性

1. 适应性强、抗病力强

珍珠鸡对外界环境具有极强的适应能力，在我国南方、中原和北方地区都能够正常生产；无论是放养、圈养或是笼养，都能够表现出良好的生产性能。珍珠鸡对细菌病毒抵抗强，身体强壮，抗病力强，在正常的饲养管理条件下发生疾病较少。珍珠鸡在野外放养场景见图13。

图13　放养在野外的珍珠鸡

2. 野性尚存，胆小易惊

珍珠鸡的驯化历史较短，目前商业化养殖的珍珠鸡仍保留着野生鸟的特性，为躲避天敌，喜登高栖息。胆小，机敏，神经质，一有异常动静便鸣叫，逃跑，乱撞乱跳，因此常致伤，严重时因惊吓而窒息死亡。尤其是雏鸡有较大活动性，常常因为陌生人、其他动物的靠近或异常的声响而到处乱钻引起死亡。饲养中应对此习性给予足够重视。环境一有异常或动静，均可引起珍珠鸡整群惊慌，母鸡发出刺耳的叫声，鸡群会发生连锁反应，叫声此起彼伏。环境条件的改变同样会引起珍珠鸡在一定时间内的不适应，若把红色饮水器换成黄色饮水器，鸡群会较长时间不敢靠近饮水器。在配种时受惊导致精液外流，影响受精。因此，环境要保持安静，饲养员穿的衣服和所用的喂饲用具亦不要经常更换颜色，避免不利因素的发生。

3. 群居性、性情温驯和归巢性

野生状态下珍珠鸡通常 30 ～ 50 只一群生活在一起（图 14），喜欢成群结队地在灌木中觅食昆虫、植物嫩芽、籽实和果实，很少见到其单独离散。人工驯养后的珍珠鸡仍喜群体活动，遇惊后亦成群逃窜和躲藏，并且性情温驯，很少打架，故珍珠鸡适宜大群饲养。

另外，珍珠鸡具有较强的归巢性，一旦鸡群认定自己的窝巢就很少到其他地方栖息，舍饲的珍珠鸡傍晚归巢时，往往各回其屋，偶尔失散也能归群归巢。在有条件的地方，可在安静的、人员来往较少的岭坡、树林、庭院中大量散养，并给予一定的信号训练，使其形成条件反射，按时归巢。

图 14　珍珠鸡具有良好的合群性

4. 爱攀登、好活动

珍珠鸡两翅发达有力，善于飞蹿，且活泼好动，休息时爱攀登于高处，夜间爱在高处栖息，见图 15、图 16。因此，珍珠鸡舍内应设栖架，这样既符合珍珠鸡的生活习性，又利于珍珠鸡的清洁卫生和减少球虫病的发生。珍珠鸡两翼发达有力，1 日龄就有一定的飞跃能力，1 月龄就能飞 1 米多远，3 月龄能飞上屋顶。当受到惊扰的时候，珍珠鸡能够飞蹿到 3 米高处。因此，在饲养珍珠鸡的时候围墙或围网的高度要在 3.5 米以上，以防珍珠鸡受惊后逃窜。如果放养场地内有较多的树，珍珠鸡会通过靠近围墙或围网的树木飞逃到外面。因此，树林或果园内放养珍珠鸡要注意靠近围墙或围网的 10 米内不要有树木。

图15　珍珠鸡善于飞蹿　　　　　　　　图16　在野外珍珠鸡会飞到树上

5. 喜沙浴

珍珠鸡散养于土地面上，常常会在地面上刨出一个个土坑，为自己提供沙浴条件，见图17、图18。沙浴时，将沙土均匀地撒于羽毛和皮肤之间，稍停一会儿就会站起来抖动身体将沙土抖落。如果在舍内和室外运动场地面进行了硬化处理则需要在场地上放置若干个盆子，每个盆内放半盆细沙让珍珠鸡进行沙浴。沙浴有助于减少其啄癖和体表寄生虫的发生。

图17　珍珠鸡在室外运动场刨坑　　　　图18　珍珠鸡在沙浴

6. 爱鸣叫

除觅食外，其余时间珍珠鸡喜欢登立于栖架上，从早到晚发出有节奏的叫声。这种有节奏而连贯的刺耳鸣声，实为一大特点，这种鸣声对人的休息干扰很大，但也有几个作用：一是夜间此鸣声骤起有报警的作用；二是这种鸣声一旦减少，或者声音强度一旦减弱，可能是疾病的预兆。珍珠鸡养殖场要建在远离人群的地方，与居民区、村庄、学校、医院保持500米以上的距离，减少鸡群鸣叫对人的干扰。此外，场址还要远离噪音源地，减少鸡群受惊。

7. 择偶习性

珍珠鸡对异性有选择性(图19),这是造成珍珠鸡在自然交配时受精率低的重要原因。择偶习性很难改变,但在适当的时候进行个别的调群能够减轻受精率低的问题。如果采用人工授精技术就可以从根本上解决受精率过低的问题。当然易受惊吓也是造成大群珍珠鸡受精率低的重要原因。

图 19　珍珠鸡常常公母成对活动

8. 觅食能力强、食性广、耐粗饲

珍珠鸡属于杂食性禽类,特别喜食草、菜、叶、果等青绿植物,也觅食一些昆虫之类的小型动物,见图20。多喂青绿饲料不仅可以降低成本,还可以改善肉质和口感。对饲料的要求不高,常用的禽类饲料均可配置珍珠鸡饲料,一般谷类、糠麸类、饼粕类、鱼粉或肉骨粉类等都可用来配制饲料。因此,作为优质禽肉生产可以把珍珠鸡放养在合适的场地中,让其充分采食野生饲料,不要追求太快的生长速度,这样养成的珍珠鸡不仅肉味好、安全性也高。

如果饲养种用的珍珠鸡则要考虑产蛋量,要获得较高的产蛋量必须保证有足够的营养提供,而完全靠野生饲料是无法保证的,需要添加一定量的配合饲料。珍

图20　珍珠鸡野外觅食

珠鸡喜食颗粒较大的碎屑状饲料，不大喜食过于细碎的饲料。成鸡每日采食量100～130克。在人工饲养条件下，多饲喂营养全面的配合饲料，以利于珍珠鸡生长、发育、繁殖。

9. 繁殖具有季节性

珍珠鸡的性成熟期一般在28～30周龄，目前一些经过选育的种群，其性成熟期已经提前到25周龄。在半放养状态下，种鸡群产蛋多集中在4～9月，产蛋高峰在6月。珍珠鸡原产于非洲，耐热怕冷，经过驯化，在冬季气候条件下虽然能够生存，但其生产性能的发挥受到限制，抗病力降低，繁殖力下降。所以，冬季加强科学的饲养管理就显得格外重要，如种鸡舍要有良好的保温隔热性能，或安装加热设备，使舍内温度不低于15℃，这样才能保证种鸡群在冬季也能够繁殖。

10. 珍珠鸡喜温暖、怕寒冷、潮湿

珍珠鸡对外界不良环境的耐受能力较强，特别是对炎热的气候环境的耐受力较强。在鸡舍温度达33℃时，珍珠鸡仍能保持安静，甚至产蛋都不会受到大的影响，仍能正常生活。如果是采用半舍饲的饲养方式，则要求室外运动场要栽植一些树木，供珍珠鸡群夏天在树荫下乘凉。珍珠鸡在低温条件下生长速度和产蛋性能表现都不理想，在低温季节需要采取加热保温措施才能够获得理想的生产效果。

珍珠鸡的生活环境要求能够保持相对干燥，潮湿的环境容易导致羽毛脏乱、疾病多发。因此，在选择场址的时候要选在地势较高、排水便利的地方，鸡舍内地面要高于室外运动场、室外运动场地面要高于其他地方。

11. 抱窝习性

珍珠鸡依然保留有抱窝习性，在繁殖季节一窝产下12枚左右的蛋就开始抱窝，孵化30天后雏鸡出壳。雏鸡出世以后就活蹦乱跳的，很快就跟着父母到处走。由于抱窝习性的存在，造成珍珠鸡产蛋量较低，如果种鸡采用笼养技术则能够显著减少抱窝的发生率。

三、珍珠鸡的经济学特性

1. 肉质鲜美、营养丰富

珍珠鸡肉质细嫩、营养丰富、野味强、味道鲜美，是一种优质肉禽。与普通肉鸡相比其肌纤维比较细，肌肉中蛋白质和氨基酸含量高，而脂肪和胆固

醇含量很低。珍珠鸡肉味鲜美，类似野禽，吃起来明显地感到细嫩可口，味道远胜过一般鸡肉；因其骨骼纤细，头颈细小，胸腿肌发达，屠宰率和出肉率均较高。珍珠鸡胸肉及白条珍珠鸡分别见图21、图22。

图21　珍珠鸡胸肉

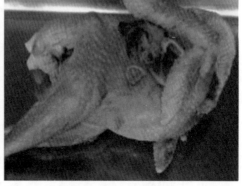

图22　白条珍珠鸡

2. 蛋品营养丰富

珍珠鸡蛋（图23）重45克左右，呈椭圆形，短径为30～50毫米，长径为50～70毫米。蛋壳厚而坚硬，要用力敲击才能破裂；壳厚0.31～0.45毫米，韧性很好，便于运输和保存；蛋壳为浅黄褐色或以米黄色为底色，上面布满芝麻状深褐色小粒斑点。蛋白黏浓，蛋黄的颜色较家鸡蛋要黄，并有浓厚感。蛋黄脂肪含量比鸡蛋高2%，其中蛋黄中的脂肪含量也比鸡蛋高，蛋黄和蛋白的表面张力均比鸭蛋和鸡蛋高。每克珍珠鸡蛋蛋黄所含维生素A和类胡萝卜素比家鸡多1倍。

图23　珍珠鸡蛋

3. 药用价值

珍珠鸡肉的钙、磷、铁含量较普通鸡高很多，并且富含蛋白质，对贫血患者、体质虚弱的人来说是很好的食疗补品；珍珠鸡肉还有健脾、增进食欲、止泻的功效；珍珠鸡肉有祛痰补脑的特殊作用，能治咳痰和预防老年痴呆症，是野味中的名贵之品。此外，中医认为，珍珠鸡肉还有明目之功，经常食用可益气养生、滋补肝肾。

4. 耐粗饲

以树叶、青菜、米糠、杂粮和配合饲料按一定比例饲喂即可，无特殊要求，尤其是在非繁殖季节可以较多地利用野生饲料、青粗饲料，在青年珠鸡期和非繁殖期这样做能够有效地降低生产成本。

5. 生长快

珍珠鸡经过 4 个月左右的生长体重可达 1.75～2.0 千克（个别可达 2.5 千克），一般饲养 12 周即可作商品出售。商品肉用珍珠鸡最佳屠宰时间为 12～13 周龄，活重可达 1.3～1.5 千克，肉料比为 1 ：（2.7～2.9）。

6. 屠宰率高，可食部分多

珍珠鸡骨骼纤细，头颈细小，胸腿肌发达，身体近似椭圆形。活重 1 700 克的珍珠鸡，屠体重为 1 544 克，占活重的 91%；半净膛 1 415 克，占活重的 83%，可见其屠宰率和出肉率都较高。

7. 繁殖力强

种母珍珠鸡自 28 周龄开产，一个产蛋期可产蛋 100～160 枚，提供雏珠鸡 70～110 只，每只种母珍珠鸡产蛋全程耗料 40～44 千克。

8. 观赏价值高

珍珠鸡外形美观，观赏价值高，是动物园、珍禽园、生态农家院非常受欢迎的观赏禽类。

专题三
珍珠鸡的品种和选育

专题提示

　　珍珠鸡的品种主要有3类：一是分布在索马里、坦桑尼亚的大珍珠鸡，其主要特征是只在其背部有几根羽毛带有白色斑点。二是分布在非洲热带森林的羽冠珍珠鸡，其头顶（与鸡冠相似的位置）纵向长有一丛羽毛。三是盔顶珍珠鸡，包括蓝色肉髯和红色肉髯2种类型。盔顶珍珠鸡已培育出灰色珍珠鸡、白珍珠鸡、淡紫色珍珠鸡及它们之间的杂交鸡种等许多品种，其中灰色珠鸡是饲养量最大的品种，我国通常所说的珍珠鸡主要是指灰色珍珠鸡类型。其实，目前所养殖的珍珠鸡大都是一些育种公司或养殖企业自己选育的一些优秀种群。

一、珍珠鸡的主要品种

1. 法国嘉乐珍珠鸟

　　法国嘉乐珍珠鸡（图24）属盔顶珍珠鸡种，由法国嘉乐公司珍珠鸡场选育而成，故名之。该品种是目前国际上用高度集约选种方法最先育成的珍珠鸡种，也是目前我国饲养的主要品种。成年体重2.2～2.5千克，12周龄上市体重可达1.2千克，料肉比3.2∶1。在笼养和人工授精的条件下，母鸡开产期（产蛋率在50％）为33～34周龄，产蛋率在50％；产蛋期为34～36周，平均每只母鸡产蛋170枚，受精率为85％，孵化率为70％～75％，雏鸡成活率在90％以上。

图24　法国嘉乐珍珠鸡

2. 盔顶珍珠鸡

盔顶珍珠鸡（图25）又称银斑珍珠鸡，是苏联育成的品种，这是常见的一种，因其青紫色的羽毛上有规律地密缀着珍珠般的白点，头顶上有2～3厘米高的角质化突起，形如古代勇士头戴的钢盔顶尖而得名。刚出壳的幼雏，像年幼的鹌鹑，羽毛棕褐色，背上有3条纵向深色条纹，腹部羽毛较浅，喙和脚为红色。成年盔顶珍珠鸡肤色似乌骨鸡，养至6～8周龄时，棕褐色羽毛渐被珍珠花纹所替代。8周龄时，头上开始长出肉髯和头饰。成年雌鸡活重1.5～1.6千克，成年雄鸡活重1.6～1.7千克。70日龄育成鸡活重为800～850克，90日龄平均活重可达1千克，150日龄平均活重达1.35千克，每千克增重消耗饲料为3.2～3.4千克。8～8.5个月达性成熟，季节性产蛋，平均年产蛋100枚左右，蛋重45～46克/枚。自然交配的种蛋受精率为76%，孵化率为72%；人工授精的种蛋受精率为90%，孵化率80%。雏鸡的育成率为95%～99%。

图25　盔顶珍珠鸡

3. 沙高尔斯克白胸珍珠鸡

沙高尔斯克白胸珍珠鸡（图26）是苏联全苏家禽研究所育成的肉用珍珠鸡种群。因其胸部有白色羽毛，而叫作白胸珍珠鸡。90日龄平均活重可达1千克，150日龄平均活重1.45千克，年产蛋140枚左右，蛋重40～45克。7个半月达性成熟。料肉比为3.4：1。自然配种的种蛋受精率76％，孵化率73％；人工授精的种蛋受精率90％，孵化率80％。

图26 沙高尔斯克白胸珍珠鸡

4. 西伯利亚白色珍珠鸡

西伯利亚白色珍珠鸡（图27）是苏联畜牧专家在西伯利亚地区育成，银斑珍珠鸡浅色羽毛的突变种，经近交及严格选育而培育的优良种群。其全身羽毛纯白色，皮肤颜色较盔顶珍珠鸡浅。70日龄育成鸡活重达850～950克，90日龄活重1.2千克，150日龄平均活重达1.6千克，年产蛋量120枚左右，蛋重42～45克，每千克增重的饲料消耗为 3.2～3.4千克。自然配种的受精率为75％，孵化率为90％。

图27 西伯利亚白色珍珠鸡

5. 鹫珍珠鸡

鹫珍珠鸡(图28)又名秃顶珍珠鸡、珍贵朱鸟，头顶上无角质化突起物，形如兀鹰，是珍珠鸡的一个品种。是一种观赏性及食用价值很高的品种。长长

图28　鹫珍珠鸡

的头颈，红色的眼睛。颈部、胸部和肩部都有黑、白、蓝色披针形的羽毛。背部多为黑色，上面有白色；腹部呈蓝色，到两侧变成紫色。野生种栖息在非洲的热带大草原和丛林地带。3月龄体重可达1.2千克，5月龄体重1.6千克，年产蛋量约120枚。优点是自然交配受精率较高。

现在的珍珠鸡繁育场基本上都是以10多年前引进的各种类型的珍珠鸡的基础上进行杂交选育，然后再进行闭锁群繁育而形成的种群，很难说是什么品种。在自然环境下，从孵化开始，到210～330日龄开始产蛋，比普通鸡开产时间晚。在我国北方，每年3～4月开始产蛋，到9～10月产蛋结束。在南方，由于气候因素，产蛋期比北方饲养的产蛋期早到来，停产也晚一些。产蛋期为3～10月，以6、7、8三个月为产蛋高峰期。在这3个月中，产蛋率可达80%左右，受精率和孵化率也相应较高。所以这个季节是珍珠鸡每年繁育的黄金季节。据国外资料介绍，2～3年的珍珠鸡年产蛋为80～100枚。国内介绍为90～120枚。珍珠鸡的产蛋数和产蛋日期可人为控制。若采用育种方法，在室温18～22℃下舍饲，并用灯光照明，珍珠鸡年产蛋可达170～220枚。

二、珍珠鸡的选育技术

1. 确定选育目标

珍珠鸡的选育目标要与市场的需求紧密结合，把市场要求当作选育目标。因此，要了解市场对商品珍珠鸡的各种性状和性能要求，以及对种珍珠鸡的性能要求，做到有的放矢。

(1)市场对商品珍珠鸡的要求　商品珍珠鸡是作为养殖产业链的终端产品，是真正进入到消费者餐桌的产品。当前，市场对珍珠鸡的需求主要集中其生长速度和羽毛颜色上。要求商品珍珠鸡商品鸡生长速度较快、20周龄平均体重能够达到1.6千克以上，胸部和腿部肌肉丰满。对于外貌要求为体质健壮、

体态匀称、腿脚结实、第二性征明显，羽毛艳丽。

（2）对种用珍珠鸡的要求　作为种珍珠鸡场不仅要求种鸡的繁殖力较高，而且其提供的商品代珍珠鸡生长速度要快、体型好、羽毛艳丽。而这些所有的优异性状在种珠鸡身上都要体现出来，这也为种珍珠鸡的选育带来较大的压力。种用珍珠鸡必须严格挑选，第一，要求珍珠鸡体态正常，即站立时身体平稳，胸部至脚与背部平行，由背部自然向尾部倾斜，走动时步伐自然，动作灵活，尤其是公珍珠鸡。眼睛要圆而明亮，喙要坚硬、上下要整齐或上喙微长。头小但与颈搭配匀称自然。背部要宽平，胸宽度适中，龙骨直而长短适中。腿和脚要健壮，附有丰富的肌肉。胫部竖直，长短适中，脚趾齐全。羽毛生长整齐，覆盖紧密。公珍珠鸡要求体质健壮，肩背宽，胸宽而深，雄性性功能好，人工采精时反应敏感，一次精液量在0.08毫升以上；母珍珠鸡要求性成熟早，产蛋量高，选择强度比公珍珠鸡小，只要羽毛贴身，体重不过轻，无伤残、畸形和疾病的，一般都可作为种鸡。有这样的目标要求在选育的时候常常需要培育专门的父本种群和母本种群。第二，要求体重应符合种群要求，如可乐法国珍珠鸡，要求9～12周龄体重达1.4千克，18周龄体重达1.6千克，成年体重达2.2～2.5千克。过轻者不宜留种。第三要求繁殖性能优良，在条件许可情况下，要求30周龄前性成熟，27～30周龄开产，产蛋率60％以上，受精率85％左右，受精蛋孵化率90％以上为好。珍珠鸡的良好外形见图29。

图29　珍珠鸡的良好外形（左母、右公）

有时，对种珍珠鸡所要求的优异性状很难在同一群珍珠鸡身上体现出来，在选种实践中常常是培育专用的父本种群和母本种群，两类种群各具特色，杂交后它们的优异性状能够集中在后代身上体现。

2. 父本种群的选育

（1）父本种群的选育目标　父本种群的选育目标主要集中在：生长速度快（如以 13 周龄体重为指标，要求公珍珠鸡达到 1.35 千克以上、母珍珠鸡达到 1.2 千克以上），成年体重大（公珍珠鸡体重大于 2 千克、母珍珠鸡体重大于 1.6 千克），头顶的角质盔顶较大，腿结实，羽毛颜色华丽。

（2）父本种群的初选　在现有珍珠鸡群的基础上，将那些体重大、羽毛艳丽、健壮活泼的公珍珠鸡和母珍珠鸡挑选出来组成父本种群。

如果采用自然交配方式，父本种群内种母珍珠鸡的数量不少于 150 只，种公珍珠鸡不少于 50 只。每个父本种群分成若干个小群，每个小群内 5 只公珍珠鸡、15 只母珍珠鸡。在产蛋高峰期间将每个小群所产种蛋进行标记后孵化，同一小群种蛋所孵化出的雏珍珠鸡同样集中在一个圈内饲养，在 10 周龄前后将每个小群内生长速度最快的公珍珠鸡和母珍珠鸡分别以 5% 和 15% 的比例选留下来，组成第一世代。

（3）继代选育　选留出的第一世代个体按照循环方式进行配种，即第一小群的公珍珠鸡与第二小群的母珍珠鸡配、第二小群的公珍珠鸡与第三小群的母珍珠鸡配，依此类推，防止近交。繁育出的后代经过选留形成第二世代，在第二世代依然采用公珍珠鸡循环配种的方式。以后各个世代均以此方法进行选育。一般经过 5 个世代的选育，父本种群的生长速度就会得到显著提高，体重和体型都有明显改进。

如果采用人工授精技术可以按照 10 只母珍珠鸡配 1 只公珍珠鸡的比例选留，但是公珍珠鸡的数量不宜少于 20 只，以避免近交问题。

3. 母本种群的选育

（1）母本种群的选育目标　种珍珠鸡母本种群应具备的特点主要是大小适中的体重、较早的开产日龄（在当前的情况下母珍珠鸡产第一个蛋的日龄不宜迟于 27 周龄）、高的产蛋数量（一个产蛋年度的产蛋数不低于 160 枚）和种蛋合格率、抱窝性弱。

（2）母本种群的初选　在现有珍珠鸡群的基础上，将那些体重中等偏大、羽毛艳丽、健壮活泼的公珍珠鸡和母珍珠鸡挑选出来组成母本种群。如果是处于产蛋期间的母珍珠鸡要注意选留那些没有抱窝习性或抱窝性很弱的个体。

如果采用人工授精交配方式，母本种群内种母珍珠鸡的数量不少于 400 只，种公珍珠鸡不少于40只。母珍珠鸡采用单笼饲养，记录每只母珍珠鸡的产蛋量，在产蛋15周的时候，按照产蛋性能选择表现最好的进行重新编号，形成选育的基础群。

（3）继代选育　对选留出来的基础群母珍珠鸡按照5%的递进级差将前30%个体所产种蛋进行分组孵化（分为6个组），来自6个组的雏珍珠鸡继续分群饲养，形成第一世代。在性成熟前经过外貌特征和健康状况选留，然后分组放入个体单笼饲养。同样在产蛋15周的时候，根据产蛋量再次选择生产性能最好的30%的个体按照5%的递进级差进行分群饲养，形成第二世代，以后照此循环。

（4）母本公珍珠鸡的选留　基础群中将生产性能表现最好的前10%的母鸡所产种蛋，分组孵化后在其中选留公珍珠鸡做后备用，形成第一世代公珍珠鸡。以后都按此方法选留形成各个世代，经过4～5个世代选留，这些公珍珠鸡的亲本都具有产蛋性能好的遗传潜力。

三、珍珠鸡的引种

1. 把握市场变化确定引种时间

（1）确定引种时期　种用珍珠鸡常常是上一年度孵化出的雏珍珠鸡经过几个月的饲养后到第二年才进入繁殖期，因此引种要有预见性。必须通过各种途径了解本年度和下一年度珍珠鸡销售市场的情况才能确定何时引种。有的人看到当年珍珠鸡市场销售情况很好，就匆匆忙忙地确定开办珍珠鸡养殖场，花较大的价钱可能引进的是劣质的珍珠鸡苗。当鸡群第二年进入产蛋期后也许市场已经进入低谷期了。对于一般养殖户在引种时可以逆风而上，在市场疲软的年度能够以较低的价格引进优质的鸡苗，第二年很可能是市场行情回升、看好的年度。

（2）确定引种月份　珍珠鸡的繁殖期主要集中在每年的4～9月，雏珍珠鸡的出壳时间主要是5～10月。一般情况下珍珠鸡的性成熟期为27～30周龄，如果是选购8～9月出壳的雏珍珠鸡做种用，则到第二年3～4月即可达到性成熟，顺利进入繁殖期；如果选择5～6月的雏鸡，则在12月或第二年1月即达到性成熟周龄，但是此时由于环境温度低珍珠鸡群不产蛋，需要拖延10多周的时间才开产，这就增加了青年珍珠鸡的培育成本；如果选择10月出壳的雏珍珠鸡饲养，则珍珠鸡群5月才达到性成熟，缩短了产蛋期。因此，在

8～9月出壳的珍珠鸡留种是最适宜的。

2. 根据场地和资金确定引种数量

（1）场地要求　如果采用圈养方式，要有一定面积的室外运动场，一般要求室外运动场面积为鸡舍面积的3～5倍，按照室内面积每平方米可以饲养成年珍珠鸡4只，如果饲养500只珍珠鸡就至少需要鸡舍120米²，室外运动场350～600米²，加上其他房舍和用地需要670～1 000米²的地方。如果采用笼养方式，饲养500只珍珠鸡则仅需要50米²的生长鸡舍和100米²的成年鸡舍，总占地面积500米²即可。考虑引种数量需要按照场地大小来做参考，如果饲养密度过大常常造成不可估量的损失。珍珠鸡饲养场地见图30。

图30　珍珠鸡的饲养场地

（2）资金要求　资金主要用于土地征用、房舍建造、设备购置、引种、饲料和燃料、水电消耗等。首次的固定投资按照每只成年珍珠鸡约需50元，养殖过程中1只成年珍珠鸡饲养到性成熟约需投资50元。因此，初次养殖者在确定引种数量时可以按照每只珍珠鸡100元的投入测算资金的投入量。

由于各地建筑费用、设备质量、鸡苗和饲料价格的差异，不同地方以及不同年度在珍珠鸡养殖的资金投入方面会存在较大差异。

3. 了解市场反应确定引种源地

（1）了解种苗的饲养效果　由于国内大多数种用珍珠鸡养殖场都是采用自群繁殖方式，有的场进行了比较系统的选育，有的则很少进行选育甚至不选育，这样就造成不同的种鸡场所提供的鸡苗生产性能和健康状况存在较大差异。因此，引种前可以了解不同企业提供的鸡苗在市场上的反应，有助于减少由于引种质量差造成的损失。

（2）了解种源场的养殖水平　可以通过不同途径了解种源场的生产经营时间、养殖规模、技术力量、珍珠鸡群的健康状况和生产性能表现等，将这些资料作为引种的重要参考依据。

4. 根据有关情况确定引种方式

引种方式包括：引进种蛋自己孵化、引进雏鸡、引进青年鸡或成年鸡等多种方式。

（1）引进种蛋　引进种蛋需要有自己的孵化设备或附近有代为孵化的孵化场。一般远途引种可以考虑引进种蛋。引进种蛋关键需要考虑的是种蛋受精率。

（2）引进雏鸡（图31）　这是应用最多的引种方式，从供种场购买刚出壳的雏鸡运回本场饲养。采用这种引种方式主要考虑雏鸡的均匀度、脐部愈合情况和精神状态，同时要注意公雏和母雏的比例，是否接种必要的疫苗（如马立克疫苗）。

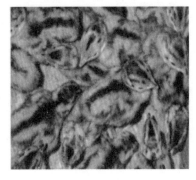

图31　雏珍珠鸡

（3）引进青年鸡（图32）　有的种用珍珠鸡场出售脱温鸡，一般是将雏鸡饲养到5～8周龄的时候出售。这个阶段引种需要注意青年鸡的发育情况、健康状况、均匀度，要了解此前已经接种的疫苗类型和时间。引种途中注意路途安全。

（4）引进成年鸡（图33）　有的珍珠鸡场种鸡饲养到一定时期需要淘汰老鸡群的时候会出售成年珍珠鸡，也有的是因为经营不善而出售成年珍珠鸡的。引

图32　青年珍珠鸡

进成年鸡可以减少育雏育成的麻烦。引进的时候要注意大群购买，不要少量购买，以免买到淘汰的劣质个体。同时，必须了解供应成年珍珠鸡的鸡场是出于什么原因出售成年珍珠鸡的。

图 33　成年珍珠鸡

专题四
珍珠鸡的繁殖技术

专题提示

　　珍珠鸡在我国的驯养历史比较短，受精率、孵化率比较低，其数量远远不能满足市场的需要。因此，开展珍珠鸡的人工授精研究和推广，保护优良品种和进行品种间杂交，迅速扩大珍珠鸡群体的数量和质量是非常必要的。在我国，家禽特别是珍珠鸡人工授精技术还不如国外使用普遍，尚需进行一些常规方法的系统研究。这也与种珍珠鸡的饲养方式有较大关系，如果采用笼养方式，种珍珠鸡则便于采用人工授精技术。

一、珍珠鸡的繁殖特点

1. 性成熟期

　　性成熟期是指当珍珠鸡饲养到一定周龄、体重达到该品种成年体重的85%左右、第二性征表现明显、能够产生成熟配子的时期。珍珠鸡性成熟较晚，性成熟期与季节、营养和光照等有关，早的26周龄开产，晚的要到32周龄，正常人工饲养条件下母珍珠鸡一般在28周龄时开始性成熟产蛋。公珍珠鸡则到35周龄时才性成熟。在选种、选配或杂交时，最好选用早熟的公珍珠鸡，当年孵出的珍珠鸡，年龄上公的要比母的早2月龄选留。在同一窝内，体型小的较体型大的早熟。饲养实践证明，早春孵出的一般较晚春和初夏孵出的性成熟早，而秋季孵出的又比早春早。群体性成熟期是以该群体产蛋率达50%时的日龄来表示的。

2. 繁殖季节

　　每年的4～11月为产蛋期，6～8月为产蛋高峰期，产蛋率可达到80%左右，受精率、孵化率也较高。所以，这个季节是珍珠鸡繁殖的黄金季节。

在一些设施条件较好的珍珠鸡场，如果鸡舍外围护结构的保温隔热性能好，舍内有加热设备，在冬季能够保证鸡舍内温度不低于15℃，就能够使种珠鸡群持续产蛋。

3. 产蛋情况

法国珍珠鸡年产蛋160～170枚，若在优越的饲管条件下，年产蛋可达170～220枚。在我国，珍珠鸡年产蛋90～120枚，最高达156枚，蛋重35～55克，椭圆形。蛋壳厚而坚硬，用力敲击才破裂。蛋壳为浅黄褐色，上面散布有深褐色小粒斑点。蛋白黏浓，蛋黄的颜色较普通鸡蛋要黄，并有浓厚感。法国珍珠鸡的蛋重45克左右，呈椭圆形，蛋的横径（短径）30～50毫米，纵径（长径）50～70毫米。珍珠鸡蛋外观见图34。

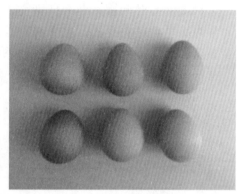

图34 珍珠鸡蛋外观

产蛋昼夜分布规律：天刚亮1小时，陆续开始产蛋，后8小时产蛋较集中，上午11点至下午4点，产蛋量最高占全天的65.44%，其中下午1～2点为产蛋高峰点，占全天产蛋量的21.93%。

4. 公母配比

人工授精，公母比例为1∶20，受精率为85%左右；自然交配，公母比例1∶（3～5），受精率53.44%～75%。

5. 利用期

种鸡28周龄左右开产至66周龄停产淘汰，最长利用期为79周。

6. 抱窝性

大多数珍珠鸡种群尚有抱窝性，选育程度高的种群抱窝性较弱，选育程度低的种群抱窝性较强。由于抱窝性强弱与产蛋量多少呈负相关，在种珍珠鸡选育过程中及时淘汰抱窝性强的个体有利于提高产蛋性能。

二、珍珠鸡的人工授精

1. 采精准备

（1）采精适龄　种公珍珠鸡发育到 32 周龄时，性腺基本发育成熟，能够产生精液，但仍不能进行采精，否则，就会影响种公珍珠鸡的使用寿命和精液品质，影响种蛋的受精率。一般情况下，种公珍珠鸡应发育到 36～38 周龄时进行采精，这时候公珍珠鸡不仅达到了性成熟，也基本达到了体成熟，精液质量比较好而且稳定。

（2）转群笼养　为适应人工授精的需要，种珍珠鸡饲养到 20 周龄时转入成年珍珠鸡舍的种鸡笼饲养。转群要在夜间弱光下进行，捉时应抓鸡的双腿，不宜抓翅膀，以防发生骨折。珍珠鸡在育成时，由于习惯地面散养，刚转至笼中新环境很不适应，不断撞笼，尤其见到生人或有异常动静，更是在笼中乱撞想脱笼外出。为了缓解应激反应，珍珠鸡初入笼时要适当控制光照的亮度、减少无关人员进入鸡舍，料槽中放些它们爱吃的饲料，如青绿菜叶等饲料，这样可使它们较快地适应笼内生活，这样大约经过 5 周鸡群就会适应笼养条件。待种公珍珠鸡 35 周龄和母珍珠鸡开始产蛋后，即可进行人工授精。种珍珠鸡群上笼的时间不能晚，否则会影响母珍珠鸡的开产期。

（3）种公珍珠鸡群的建立与比例　建立一个优良的种公珍珠鸡群是保证种蛋具有较高受精率的重要基础，必须按要求做好种公珍珠鸡的选择，并按比例决定选留和淘汰。

1）第一次选择　第一次选择应在 8～10 周龄进行，这个时期的珍珠鸡已经完成育雏期的发育阶段，新羽毛已经更换。要选留个体发育良好、肉髯大而鲜红的公珍珠鸡，有外貌缺陷者应淘汰，且选留比例应稍大，可按每 100 只母珍珠鸡留 10～12 只公珍珠鸡的比例进行。

2）第二次选择　第二次选择应在 19～22 周龄进行，这个阶段珍珠鸡的发育基本完成，体型、体重、外貌发育基本定型。此时，要选留发育良好、符合标准体重、腹部柔软、腿脚健壮、雄性特征明显的公珍珠鸡，这类公珍珠鸡可望日后有较高的生存力和繁殖力。按每 100 只母珍鸡留 8 只公珍珠鸡的比例进行。

3）第三次选择　第三次选择应在 32 周龄进行，这时的公珍珠鸡已经完全达到性成熟，选留主要根据按摩时有性反应（如翻肛、交配器勃起等）、体重和精液品质、健康状况等。按每 100 只母珍珠鸡选留 5 只种公珍珠鸡的比例进行。若全年实行人工授精的种珍珠鸡场，还应选留 15%～20% 的后备种公珍珠鸡或补充新的公珍珠鸡。

（4）调教训练　公、母珍珠鸡装笼 5 周后，待其基本适应笼养生活环境时，应在其达到性成熟后开始人工授精训练调教工作（母珍珠鸡为 28 周龄、公珍珠鸡为 32 周龄），即对种公珍珠鸡进行采精训练和对种母珍珠鸡进行翻肛训练。开始时，工作人员每天应多进珍珠鸡舍，尽可能多地接触、抚摸珍珠鸡，使珍珠鸡习惯人的接近，不感到受惊吓，2～3 周后可进行抓珍珠鸡训练，待其熟悉这些动作后，即可正式开始采精和翻肛训练。母珍珠鸡训练应避开上午和中午的集中产蛋时间。采精和输精翻肛训练要持续 2～3 周。训练过程中要专人负责、动作轻稳、迅速而准确，不可急躁、粗鲁。

（5）采精前种公珍珠鸡准备

第一，将种公珍珠鸡肛门周围的羽毛剪去，以利于采精操作。剪毛要贴近皮肤从毛柄处剪断，让公珍珠鸡的肛门能够裸露出来。

第二，经调教后的种公珍珠鸡，应在采精前 3 小时停止喂料，防止采精时排粪，污染精液。

第三，公珍珠鸡要饲养在专用笼内，每只公珍珠鸡单独占用一个小单笼，减少相互之间的攻击。

第四，为了防止在采精过程中公珍珠鸡的爪子抓伤操作人员，在对公鸡进行剪毛的同时可以进行剪爪，用剪刀剪去爪子前端的尖利部分即可。

（6）采精器具与物品准备

1）器具准备　根据不同的采精方法准备相应的用具用品。如电刺激采精仪、电极棒、剪毛剪、酒精棉球、蒸馏水、稀释液、采精器、集精杯、试管、生理盐水、围裙、凳子、温度计和保温器具等。采精用具主要是采精杯、试管和胶头滴管，一般由优质棕色玻璃制成，见图 35。

图 35　种珍珠鸡人工授精用具

2）消毒　根据选定的采精方法，备足采精器具及用品。但采精、储精器具必须经高压消毒后备用。若用 70％ 乙醇消毒，则必须在消毒后用蒸馏水冲洗 2～3 次，并经干燥后备用。集精瓶内水温应保持在 30～35℃。

（7）采精员准备　按要求两人或多人操作。凡操作人员必须提前进行技术培训，了解相关专业理论知识和熟练掌握采精技术要领，操作娴熟，且相互间配合默契。

2. 采精方法

采精方法主要有人工按摩法、母鸡诱情法和电刺激法。采精的基本原理是刺激公珍珠鸡的腰荐部盆神经和腹下交感神经，引起性兴奋，交接器充血射精。

（1）按摩采精法　这是最常用的种珍珠鸡采精方法，有背腹式按摩采精法和背式按摩采精法两种。既可多人操作，亦可单人操作。

1）双人按摩采精方法　这种采精方法一个人抓鸡并进行保定，另一个人进行按摩和采精。

种公珍珠鸡保定、操作者可以坐在长凳上双腿并拢，将公珍珠鸡头朝后、胸部压在腿上固定，腹部和泄殖腔虚悬于腿外（也可将鸡胸部直接放在长凳上，两腿垂在凳下固定）。将公珍珠鸡放地膝盖上，头部位于左手下方。助手双手握种公珍珠鸡大腿基部，并压住主翼羽防止扇动，使其双腿自然分开、尾部朝前、头向后固定于右侧腰部，使头尾保持水平或尾稍高于头部，将珍珠鸡固定。

采精操作步骤：

背腹式按摩采精法操作步骤

①采精员用右手中指与无名指夹住采精杯，杯口向外。

②左手掌向下，沿公珍珠鸡背鞍部向尾羽方向滑动按摩数次，以降低公珍珠鸡的惊恐，并引起性欲。

③右手在左手按摩的同时，以掌心按摩公珍珠鸡腹部。

④当种公珍珠鸡表现出性反射时，左手迅速将尾羽翻向背侧，并用左手拇指、食指挤捏泄殖腔上部两侧，右手拇指、食指挤捏泄殖腔下侧腹部柔软处，轻轻抖动触摸。

⑤当公珍珠鸡翻出交媾器或右手指感到公珍珠鸡尾部和泄殖腔有下压感时，左手拇指、食指即可在泄殖腔上部两侧适当挤压。

⑥当精液流出时，右手迅速反转，使集精杯口上翻，并置于交媾器下方，接取精液。

背式按摩采精法操作步骤

①采精员右手持集精杯置于泄殖腔下部的软腹处。

②左手自公珍珠鸡的翅基部向尾根方向连续按摩 3～5 次。按摩时手掌紧贴公珍珠鸡背部，稍施压力。近尾部时，手指并拢紧贴尾根部向上滑动，施加压力可稍大。

③公珍珠鸡泄殖腔外翻时，左手放于尾根下，用拇指、食指在泄殖腔上部两侧施加压力。

④右手持集精杯置于交媾器下方接取精液。

上述两种按摩采精方法都是在对种珍珠鸡进行采精训练时所采用的，一般经过 7～10 天的训练就能够使公珍珠鸡建立条件反射。已经建立条件反射的公珍珠鸡见到采精人员到来后就会产生相应的反应，操作人员保定住公珠鸡后采精人员不需要按摩就可以直接挤压泄殖腔并接取精液。

公珍珠鸡一次采集的精液量约为 0.1 毫升，精子平均密度为 70 亿 / 毫升。

为了确保精液的质量要求，采收的精液要进行一次镜检鉴定，即用吸管吸取一滴精液滴于载玻上，再加一滴生理盐水稀释后盖上盖玻片于低倍镜下观察，鉴定其活力、密度和质量。

按摩采精法的操作注意事项

①要保持采精场所的安静和清洁卫生。

②采精人员要固定，不能随意换人，采精日程要固定，以利排精反射的建立。

③采精过程中要使公珍珠鸡保持舒适，不能粗暴操作或惊吓公珍珠鸡，否则影响采精。

④捏压泄殖腔力度要适中，过轻、过重均不利排精，过重甚至造成种公珍珠鸡损伤。

⑤采精过程中，要保持卫生操作。

⑥采出的精液要置于 30 ～ 35℃的环境中妥善保管，可以将储存精液的试管放入盛放温水的保温杯或握在手中。

⑦采出的精液不能接触到消毒剂、蒸馏水及灰尘；如果采精时公珍珠鸡同时排粪则不能接取精液，还要防止皮屑和毛屑落入精液。

⑧遇到精神萎靡、拉稀的公珍珠鸡要将其隔离，这样的个体常常健康状况不佳，不能采精，因为其精液被污染的概率较高。

⑨每次采精结束放入公珍珠鸡后要注意关好笼门，防止其外逃。

2）单人操作保定　即由一个人完成公珍珠鸡的保定和采精全过程。可以只有一个人抓鸡、保定、采精，也可以一个人负责抓鸡，另一个人负责保定和采精。采精员系上围裙坐于小凳子上，用大腿夹住鸡双腿，使珍珠鸡头朝向左下侧，左手轻按鸡尾根部并挤压泄殖腔，右手接取精液。采精者要穿带有胸部口袋的工作服，积存精液的试管放在口袋中。

（2）母鸡诱情法　用母珍珠鸡引诱公珍珠鸡，待公珍珠鸡踏上母珍珠鸡背部与其交配时，用集精杯挡住母珍珠鸡泄殖腔，同时挤压公珍珠鸡泄殖腔，而采得精液。这种方法的成功率不高，公珍珠鸡容易因人员影响而受惊吓，无法有效配合。

（3）电刺激法　电刺激采精是通过脉冲电流刺激生殖器引起动物性兴奋并射精来达到采精目的。电刺激是模仿了在自然射精过程中的神经和肌肉对各种由副交感神经、交感神经等神经纤维介导的不同的化合物反应的生理学反射。采用电刺激采精的种公珍珠鸡，不经调教训练也可采到精液。电刺激采精法的主要工作参数为：工作电压220伏，输出频率20～50赫兹，输出电压0～20伏，输出波形为正弦波。泄殖腔电极长度依公珍珠鸡大小而定，电极直径3毫米，环间距3毫米，电极宽2.5毫米。电刺激采精仪见图36。

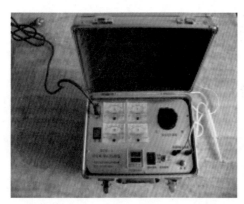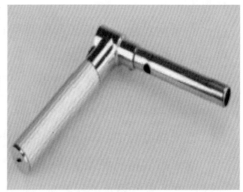

图36　电刺激采精仪

电刺激采精法一般由3人操作，一人保定种公珍珠鸡，一人拨动电刺激采精仪开关，一人采精。

3. 采精频率

采精频率是指在一定时间范围内对公珍珠鸡采精的次数，种公珍珠鸡的射精量和精液品质会随着采精频率的升高而降低。如自然交配的公珍珠鸡，每天射精约40次，但在最初的3～4次射出的精液中有精子，其后射出的精液中几乎找不到精子。但经过60小时休息后，精液量和精液品质可恢复到最好水平。因此，珍珠鸡的采精次数为每周2～3次或间隔2天采精一次。若配种任务重，可以隔日采精，但必须是30周龄以上的种公珍珠鸡。

种公珍珠鸡的采精间隔时间也不能过久，一般每周采精2次或每3天采精一次。如每6天采精一次与每3天采精一次所得精液的品质相似。若间隔两周再采精，则精液品质明显退化。因此，如果公珍珠鸡在繁殖期间超过5天没有采精，则第一次采得的精液应弃之不用。

公珍珠鸡每天上午8～10点和下午5点前后的性欲最旺盛，是采精的最佳时间。若采精用于保存，则早上、下午采精均可；若采精后立即安排输精，则应在下午采精较为适宜。

电刺激采精操作方法和步骤

第一，保定员用右手持种公珍珠鸡大腿基部，使两腿自然分开，左手压住两翅部分主翼羽，防止两翅扇动。使种公珍珠鸡头朝后，尾向前，头尾保持水平或尾略高于头。保定员用力要适度，既要使公珍珠鸡安静，又要防止公珍珠鸡挣脱。

第二，采精员将备好的集精杯夹于右手中指与无名指之间（杯口向外），左手持正电极插入公珍珠鸡髂骨区皮下，右手持负电极插入直肠 4 厘米处。

第三，由另一人打开采精仪开关通电刺激，同时采精员右手持负电极绕直肠壁做圆周运动。重复通电刺激 3～5 次，每次通电持续 5 秒，断电 5 秒，并根据公珍珠鸡反应，不断升高电压。

第四，当公珍珠鸡交媾器外翻时，采精员右手迅速将负电极向外抽出，刺激交媾器基部，电压由 3 伏开始，有节奏通电，每次 5 秒，间隔 5 秒，每档电压刺激 6 次，直至排精。

第五，当公珍珠鸡有排精表现时，采精员右手迅速反转，立即将集精杯口移至交媾器下方接取精液。开始时，先别按压公珍珠鸡泄殖腔，注意观看鸡的情况。如见有粪尿排出，用温和的精液稀释液或生理盐水将之吹洗掉，每次吹洗时留在泄殖腔上的洗涤液用脱脂棉杯压吸掉。估计粪尿不会排出时，用手修轻压迫泄殖腔附近，公珍珠鸡的精液就会和一种透明液一起溢出，可用一支有刻度的尖的试管针取之，可能的话，用一支移液管吸取其浓稠部分。采精完毕，先切断电流，再将电极部自直肠抽出，如带电抽拔，则电极抽经肛门时公珍珠鸡可能会感到痛苦。

4. 输精

（1）输精前准备

1）母珍珠鸡群的准备　用于输精的种母珠鸡应是健康、处于繁殖期的母珍珠鸡群。输精前应对母珍珠鸡进行白痢检疫，检疫阳性者应淘汰。开始输精的最佳时间应为产蛋率超过 20％ 以后。

2）器具及用品准备　准备输精器数支、原精液或稀释后的精液、棉球等器具。

（2）输精方法与操作步骤　当母珍珠鸡群产蛋率达到 20％ 以上时就可以对开始产蛋的母珍珠鸡进行输精。珍珠鸡的输精方法有阴道输精法和子宫输精法两种。阴道输精法适用于子宫无蛋母珍珠鸡，此法目前使用普遍。翻开珍珠鸡泄殖腔后的示意图见图 37。

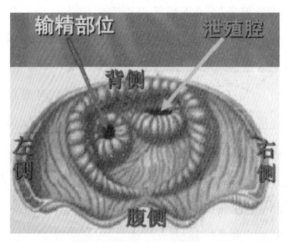

图 37　翻开泄殖腔后的示意图

阴道输精法操作步骤

①助手左手握母珍珠鸡双翅并提起，使鸡头朝下、尾向上；右手掌托于母珍珠鸡耻骨下，向头背侧稍施压力，使泄殖腔反转向上。

②输精员用干净的输精器（一般使用胶头滴管）吸取备用精液，待用。

③助手右手拇指与食指分别跨于泄殖腔两侧的柔软部施以适当压力，泄殖腔内的输卵管开口外翻并使母珍珠鸡尾部转向输精员。

④输精员将输精器轻缓地插入泄殖腔外露的左侧口（即输卵管阴道部的开口），插入的深度为 2～3 厘米。

⑤输精员将精液注入阴道（如挤压滴管的胶头或推注射器），同时助手要减轻对母鸡腹部的压迫。

⑥抽出输精器，用棉球擦拭干净，用于下一只母珍珠鸡的输精。

生产中对笼养珍珠鸡输精也有不把母珠鸡抓出笼外的，只是把其后躯拉出笼外。这种操作方法是助手一手紧握母珍珠鸡两腿基部，将珍珠鸡腿、尾部拉出笼门，珍珠鸡胸紧贴笼门下缘，右手拇指放于珍珠鸡后腹部柔软处，其余四指放在泄殖腔与尾部腹面之间并将尾部向背面推压，同时拇指对后腹部施加压力，使泄殖腔外翻，输精员即可输精。输精后助手将母珍珠鸡推进笼内即可。

注意不管用哪种方法，输入的精液不能带有气泡或混有空气，否则会影响受精率，每只母珍珠鸡每次输入 0.015～0.02 毫升原精液（挤出后为 1 滴）。如果用稀释后的精液则应该适当加大输精量。输精要迅速及时，采出的精液须在 30 分内输入完毕，超过 30 分则精液质量会明显下降，主要是精子的受精能力降低。因此，生产中每采 10～20 只公珍珠鸡精液就应立即进行输精，输完后再采。母珍珠鸡的输精操作见图 38。

图 38　母珍珠鸡的输精操作

（3）输精时间　输精时间通常要求在下午 2 点后开始进行，此时绝大多数的母珍珠鸡已产过蛋，不会因为子宫内有硬壳蛋影响输精效果。一般要求输精应在当天下午 6 点以前结束。

（4）输精卫生　注意输精卫生，用具应蒸煮消毒。翻开泄殖腔若遇到母珍珠鸡排粪时应用棉花将粪擦去再输。每输 1 只珍珠鸡后应用棉球将滴管擦净一次，每输 30 只鸡应更换一个滴管。发现拉稀、泄殖腔或输卵管有炎症、精神状态不好的母珍珠鸡，要及时隔离。避免母珍珠鸡损伤，在从笼中抓、放鸡时不能硬拉硬塞，以免挂伤或挫伤。按压腹部时用力不能太大，以免损伤内脏。输精后第三天方可收集种蛋。

（5）输精间隔　每 5 天输精一次即可获得良好的效果，间隔超过 7 天则会降低种蛋受精率，短于 4 天也不会使受精率提高。

输精注意事项

①翻鸡人员禁止用力推压母珍珠鸡的腹部，以免造成母珍珠鸡的损伤。

②使用移液器时，要贴着管壁轻轻地吸液，且要从上层精液开始吸。

③在输精过程中，每次吸完精液后要用拇指盖住集精杯，同时吸出的精液不可在空气中停留，以防止精液的温度下降，活力降低。

④输精人员将移液器沿输卵管口中央轻轻插入，不可用力过大，在有畅通感时插入；有阻力时，不可硬插，更不可刺破阴道壁。

⑤输精过程中前后保温杯的温差不能超过2℃。

⑥已经输精的母珍珠鸡在笼内出现剧烈抖动时，应重新再进行人工授精。

⑦避免笼丝碰到输卵管，损伤输卵管或引起输卵管发炎。

⑧首次输精应充分保证足够的有效精子数。

⑨使用胶头滴管输精，在挤压胶头将精液输入母珠鸡输卵管后完全拔出之前不要放松对胶头的压力，以免把精液回吸到滴管内。

⑩当一个单笼内放3只母珍珠鸡的时候，进行输精要注意防止抓错鸡造成漏输。

⑪使用滴管吸取精液或输精时要注意滴管前段不能吸入空气，防止输精后形成气泡将精液带出。

⑫当一管精液输精用完后要在鸡笼前做标记，以便下一管精液采精后再接着输精时能够做好衔接，避免造成重复输精或漏输。

⑬遵守卫生操作，严防病原传播。

5. 翻肛注意事项

翻肛人员左手拉开笼门，右手抓住母珍珠鸡双腿，将珍珠鸡身提到笼门口位置，珍珠鸡的姿势要尽量舒展，右手调节珍珠鸡的身体稍向右倾斜，左手五指叉开，连同左手掌搭在泄殖腔左上侧，左手的中指、无名指、小指主要把珍珠鸡的尾羽和泄殖腔周围的羽毛尽量挡开，充分暴露泄殖腔口，左手掌心稍用力向前施加腹压，同时抓鸡大腿的右手将鸡身拉向自己。通过相反力量的作用，可以看到泄殖腔口微微张开，用左手食指第二指肚在泄殖腔上缘用力向上一挑，拇指在泄殖腔下部的腹部皮肤向左后方一捋，母珍珠鸡阴道便及时翻出。

翻肛操作注意事项

①翻肛动作要连贯、规范到位，特别是初学习者应严格按规范操作，切忌心浮气躁，采用图快的手法。翻肛人员的右手抓母珍珠鸡膝关节往上，尽量靠近腹部，有利于腹压的产生；膝关节以下，容易造成母珍珠鸡的挣扎，也不利于腹压的产生。抓鸡时要用双手抓珍珠鸡。

②抓珍珠鸡动作敏捷轻快，以减少母珍珠鸡挣扎，减少卵黄性腹膜炎的发生；翻肛时切勿用力过大，减少脱肛珍珠鸡只；输精完毕时先将左手施加在腹部的压力立即解除，然后放开右手，让母珍珠鸡自然回笼，切勿用力推搡，以免将刚刚输入的精液挤压出阴道。

③母珍珠鸡保定位置不要过于往外；抓珍珠鸡不要将母鸡抓出鸡笼，以尾巴与笼门在同一平面为标准，有利于授精后母珍珠鸡的回笼，缩短授精时间，间接提高精子活力，从而提高受精率。

④翻出的阴道和泄殖腔要规范，要求翻出的阴道与泄殖腔呈同心圆（酒瓶状），阴道口位于正中间，阴道壁稍稍高于泄殖腔即可，翻出的阴道口大小或者软硬要适合授精员的需要。

⑤给母珍珠鸡腹部施加压力时，一定着力于腹部左侧，因为输卵管开口于泄殖腔左侧上方，右侧为直肠开口，如着力相反，便会引起母珍珠鸡排粪尿，污染输精器具。

⑥拇指的主要任务是掌握阴道口翻出的方向，要用手指去捋，而不是用指甲去抠，切忌用力，否则同样会造成阴道翻出过长或阴道口不正，甚至连肛门一起翻出，造成母鸡脱肛。

⑦左手掌在力量的掌握上要游刃有余，用力过大，可导致阴道翻出过长或阴道口不正，甚至连肛门一块翻出，这样不仅不利于鸡的健康，而且造成授精困难，影响受精率。

⑧食指与拇指呈平行状在泄殖腔口的上下边缘，两指不要碰摸阴道，

否则容易造成交叉感染，两指如果离得太远则不容易控制阴道翻出的大小。

⑨严禁动作粗暴，阴道和泄殖腔翻不出来的珍珠鸡不要强翻。凡是处于产蛋状态的珍珠鸡，其肛门湿润、大而松弛，一般容易翻开。

⑩由于种珍珠鸡在产蛋高峰期的产蛋率也只有60％左右，其他时期产蛋率更低，这样在人工授精进行翻泄殖腔操作时会发现一些个体的肛门干燥、皱缩、小而紧，无论如何都翻不开。这些个体很可能是不产蛋的珍珠鸡，需要挑出来单独放置到一个笼内进行观察处理。

6. 珍珠鸡精液品质鉴定

（1）精液品质评定原则　动作迅速，取样标准，混合均匀，避免环境影响（异物、温度、光照、机械、用具等）。

（2）精液品质评定项目及方法

外观评定

颜色：正常精液颜色为乳白或灰白色云雾状。出现红色、褐色、绿色的精液判为劣质精液。

浓稠度：乳状。

污染度：不能严重污染，观察评定。

采精量和 pH 测定

采精量：稀释后用刻度吸管测定。

pH：用玻璃棒蘸取一点精液于酸碱试纸上，对照比色。或者用 pH 测定仪测定。正常精液的 pH 为 6.9～7.3，如 pH 超过或低于这个范围的均不能使用。

珍珠鸡精液 pH 测定用品用具见图39。

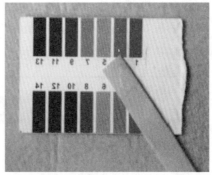

图39　精液 pH 测定用品、用具

镜检观测

　　精子活率：精子的活率是指在 38℃的室温下直线前进的精子占总精子数的百分率。检查时以灭菌玻璃棒蘸取一滴精液，放在载玻片上加盖玻片，在 400～600 倍显微镜下观察。全部精子都做直线运动评为 1 级，90% 的精子做直线运动为 0.9 级，以下以此类推。

　　精子的密度：是指每毫升精液中所含的精子数。取一滴新鲜精液在显微镜下观察，根据视野内精子多少分为密、中、稀三级。"密"是指在视野中精子的数量多，精子之间的距离小于一个精子的长度；"中" 是指精子之间的距离大约等于一个精子的长度；"稀"为精子之间的距离大于一个精子的长度。珍珠鸡精子密度测定见图40。

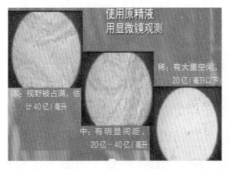

图40　精子密度测定

精子活力测定

正常：沿一直线波浪前进运动。

异常：原地回旋、左右摇摆、震动凝集现象等。

注意事项：操作迅速，温度40℃左右。

精子密度实测

方法：计数板测定法（红细胞记数）。

计算公式：$C = n/10 (1 + d)$，

式中：C＝精子数（亿／毫升），n＝5个中方格精子数，d＝稀释倍数。

7. 提高种蛋受精率的途径

种蛋受精率的高低是决定珍珠鸡繁殖速度的关键，也直接影响着种珍珠鸡场的信誉和经济效益。

在种珍珠鸡的管理中，应从以下4个方面采取措施，确保种蛋受精率的提高。

（1）加强种珍珠鸡的饲养管理是提高种蛋受精率的基础　种珍珠鸡的饲养管理除采取珍珠鸡的管理措施外，还应特别加强以下几方面的管理：①适时科学地选择、培育和建立优良种珍珠鸡群。②加强营养，重视营养平衡，尤其是氨基酸、维生素和矿物质的平衡。严防发育过速或迟缓，过肥或过瘦等。③加强运动，增强种珍珠鸡体质。在育成种珍珠鸡后期最好单笼隔离饲养，防止斗架损伤或其他伤害。④种珍珠鸡不宜强制换羽，以免影响其使用年限和受精能力。

（2）确保精液优质是提高种蛋受精率的前提　种公珍珠鸡的精液品质直接影响受精率的高低。种珍珠鸡群的精液优劣是由每只种珍珠鸡精液的优劣决定的。因此，采精配种前后应定期和不定期地对精液品质进行评估和鉴定，凡不符合要求者，应将相应种珍珠鸡淘汰后补充新种禽，以确保精液优质。

（3）人工授精的质量是提高种蛋受精率的技术关键　实行人工授精的技术人员应有丰富的人工授精技能和相关知识，如采精时间、频率，精液保存温度、环境，输精的时间和次数等。必须熟练掌握人工授精的技术操作要领、注意事项和生产实践经验，这样才能保证人工授精的质量，进而提高种蛋受精率。

（4）加强人员管理是提高种蛋受精率的根本　饲养管理人员和人工授精技术人员应增强责任心，不断学习，提高饲养水平、管理水平和技术水平。技术操作要严格按照要求进行，且规范熟练。每群种珍珠鸡的饲养管理人员和人工授精技术人员应相对固定，并有严明的奖罚制度，以实现种蛋受精率的稳定提高。

三、珍珠鸡的自然交配管理

在一些种用珍珠鸡养殖场采用平养方式（地面垫料平养或网上平养），不便于采用人工授精技术，种珍珠鸡的配种采用自然交配方式。在个别种珍珠鸡场使用自然交配种鸡笼，也是采用自然交配的配种方法。

1. 公、母珍珠鸡的混群

种用珍珠鸡在青年鸡阶段要求公母分群饲养，在接近性成熟期的时候进行混群（通常按性成熟前 2 周混群），让公、母珍珠鸡之间相互熟悉，便于配种。由于公珍珠鸡性成熟期较晚，通常在选留的时候要求比母珍珠鸡大 5 周，如果混群过早则不利于种珍珠鸡群的管理，尤其是在喂料量和体重控制方面；混群时间晚，一旦母珍珠鸡群已经有个别鸡产蛋的时候再混群，则公珍珠鸡会对母珍珠鸡形成干扰，不利于开产初期鸡群产蛋率的上升。

混群的时候要先将成年种珍珠鸡舍进行分隔，每个隔间约 60 米^2，设备用品安装完成后先将公珍珠鸡放进隔间内，每个隔间 50 只公珍珠鸡；2 周后当公珍珠鸡相互之间熟悉，对新的生活环境熟悉后，再放入 250 只母珍珠鸡。一个 60 米^2 的隔间饲养 300 只种珍珠鸡，饲养密度为 5 只 / 米^2。

2. 公、母珍珠鸡的配比

种珍珠鸡的公、母配比对种蛋受精率的影响很大，一般要求每只公珍珠鸡承担 5 只母珍珠鸡的配种任务。如果公珍珠鸡偏多则会出现争配现象，如果公珍珠鸡偏少则精液质量无保障，有的母珍珠鸡不能充分配种，都会影响种蛋受精率。

3. 种群规模

一个种群的大小也会影响种蛋受精率。通常一个种群内种珍珠鸡的数量控制在 200 ～ 350 只，如果数量过多则需要分成多个种群。如果种群太小，会因公珍珠鸡的择偶习性造成一部分母珍珠鸡的配种次数不够，公珍珠鸡之间的互补作用不明显，种蛋受精率不高；种群太大不便于管理，同样会出现公珍珠鸡争配一些母珍珠鸡，而另一些母珍珠鸡配种次数不够的问题。

4. 产蛋窝

为了防止珍珠鸡把蛋产到室外场地或偏僻的角落里、避免蛋在产出后长时期没有捡收，减少蛋壳的污染，保证良好的种蛋质量，必须要为成年珍珠鸡合理配备产蛋窝。

生产中可以在种珍珠鸡舍内放置产蛋箱（图41），其形式和规格可以参考肉种鸡平养所使用的产蛋箱，每个产蛋箱分两层，每层6个产蛋窝，每侧12个，双侧共24个产蛋窝。

图41　种珍珠鸡产蛋箱

产蛋箱一般是放在珍珠鸡舍里，如果是带有室外运动场的鸡舍，也需要在运动场内放置若干个产蛋箱。也有的在运动场内比较偏僻的角落用砖砌的产蛋窝。这样能够使舍内外都能够为珍珠鸡提供合适的产蛋场所。

为了吸引母珍珠鸡在窝内产蛋，可以在产蛋窝里先放入鸡蛋，让母鸡感觉此处下蛋安全；产蛋窝背光放，应有遮掩物，环境清静；蛋窝垫料用深黄色或绿色松针，因为母珍珠鸡喜欢深黄色与绿色及松针的香味。

如果不使用产蛋箱，也可以在珍珠鸡舍内靠墙的地方用砖砌设产蛋窝。

5. 种珍珠鸡的利用年限

一般的种珍珠鸡群利用2～3个繁殖年度。通常第一个繁殖年度珍珠鸡群的繁殖力最高，以后逐渐下降。但是，种珍珠鸡群都是经过选育的群体，遗传性能比较好而且稳定，适当延长利用时间有助于降低育种成本。

四、珍珠鸡的人工孵化

1. 种蛋选择

（1）种蛋的来源　种蛋应来源于公母比例恰当、高产、健康无病的珍珠鸡群。一般情况下，种珍珠鸡春秋季产的蛋，受精率比冬夏要高，新龄鸡蛋比老龄鸡蛋受精率要高，孵出的后代体质也好。笼养种珍珠鸡见图42。

图42　笼养种珍珠鸡

（2）种蛋的规格　入孵种蛋要选择健康种群所产的新鲜优质种蛋。蛋壳颜色正常，有光泽。蛋形符合品种要求，蛋重40～50克。珍珠鸡蛋形独特，蛋壳较厚（0.3～0.45毫米）。蛋形标准，其正常应为圆锥形，颜色为淡褐色花斑，其横纵轴之比应为1∶1.3左右。过大、过小、过圆、过长、没有斑点的白壳蛋、沙皮蛋、畸形蛋、薄壳蛋、裂壳蛋、严重污染的蛋，均不能用作种蛋孵化。种珍珠鸡蛋见图43。

图43　种珍珠鸡蛋

蛋重和蛋形指数对孵化效果有一定的影响，李吉祥等研究结果表明种蛋蛋重在40～44克、蛋形指数在1.27～1.32可获得最佳的孵化效果；同时也发现蛋重在 35～49.9 克、蛋形指数在 1.21～1.38 孵化效果也较好，种蛋受精率、受精蛋孵化率和健雏率均较高。张玲勤等的研究表明，种蛋蛋重在 41～46.5 克孵化率最高，而蛋形指数对种蛋孵化率的影响相对较小。可见，选择符合标准的种蛋进行孵化对获得好的孵化效果很重要。种蛋要求新鲜，一般选择保存 5～7 天以内的种蛋，冬季种蛋保存期不能超过 10 天，夏季不能超过 7 天，否则会随着种蛋保存时间的延长而降低孵化率和健雏率。

种蛋的选择主要通过肉眼观察，对于蛋重大小的判断主要靠经验，一般仅仅在最初会进行一些称重。

从其他地方收购的种蛋，需要通过照蛋甚至打开若干个进行质量判别。照蛋使用照蛋灯从蛋的气室端照视，观察气室的大小，如果气室偏大则说明种蛋存放时间过长；还可以观察气室的位置是不是固定的，如果出现位置不固定则说明种蛋质量不好。如果打开种蛋，可以观察蛋黄膜是否结实（用筷子能够挑起蛋黄而不破裂说明蛋黄膜结实，蛋的质量好），气室是否偏大，胚胎所处的位置特征，看有多少未受精的蛋及其所占比例（未受精蛋的蛋黄膜有一个直径约 2 毫米的圆点，受精蛋的蛋黄膜为一个直径约 5 毫米的圆盘）。打开种蛋，如果看到蛋黄表面有已经死亡的胚胎，则说明该批种蛋中混有孵化的头照蛋。

2. 种蛋的收集和保存

（1）种蛋的收集　对于种珍珠鸡而言，每天应捡蛋 3～4 次，第一次在上午 10 点，第二次为 12 点，第三次为下午 2 点，第四次为下午 5 点。勤捡蛋可以减少蛋的污染和破损，对于平养珍珠鸡还可减少就巢的出现。

捡蛋时将合格种蛋与不合格蛋（过大、过小、破裂、畸形、过脏）分开放置，以免好蛋受污染，也可避免捡蛋后再分拣。

大小分放为便于孵化管理，所捡合格种蛋按大小要分开放置。

每次收集种蛋后都要放在专用的消毒柜内用福尔马林熏蒸消毒，以及时杀灭蛋壳表面的微生物，方法参考孵化部分。

（2）种蛋的保存　种蛋之所以在母体外可以保存一段时间，是因为受精蛋一旦产出母体外，其胚胎发育就会暂时停止，胚胎处于休眠状态，以后在适当的环境条件下才会重新发育。

在种珍珠鸡场要有专用的种蛋储存室，种蛋收集并经过消毒后送入种蛋储存室保存，不能随便放置。

1）种蛋保存室的要求　四壁隔热、无窗、清洁、防尘、无蚊蝇及鼠害、避免阳光直射和穿堂风，最好要有空调设备，以便控制室内温度。对于没有空调设备的蛋库，夏天应注意降温，室内温度不要超过20℃，冬天要注意保温，室内温度不能低于10℃，尤其是北方地区要特别注意防止种蛋受冻。保存种蛋的温度为10～15℃，不宜超过22℃，否则胚胎开始发育，入孵时会因胚胎老化而死亡。空气的相对湿度为70%～75%，通风要良好。种蛋存放时应大头朝上，以保持气室呈正常状态。蛋存放时间短时可不用翻蛋，但如果存放时间较长，则需要进行翻蛋，以防蛋黄与蛋壳粘连。在种蛋保存期间，既不要用水洗蛋的表面，也不要将种蛋与农药、化肥等有毒物质放在一块。

2）保存时间要求　种蛋的保存时间直接与孵化率相关，储存时间越长，孵化率越低，出雏时间也相应延长，孵出的弱雏增多。珍珠鸡种蛋超过保存期，蛋内水分损失过多，导致蛋内pH的改变，引起蛋黄系带和蛋黄膜变脆；种蛋长期保存后，由于蛋内各种酶的活动，引起种蛋胚胎的衰老和蛋内营养物质的变性，降低了胚胎的活力，正常的新鲜种蛋本身具有一定的杀菌能力，长期保存后，这种杀菌能力就会急剧降低，而细菌的繁殖，直接危及了胚胎的活力。

种蛋超过保存期，不但影响孵化率，健雏率也会大幅度下降，珍珠鸡雏巨红细胞性贫血症及异倍体胚胎会显著增加，为此种蛋必须在适宜环境中保存，并尽可能地缩短保存时间，才能产生高的孵化率和健雏率。

3）保存温度　生理零点是胚胎发育的最低温度，也称其为临界温度。研究表明：胚胎发育的临界温度可达23.9℃，也就是说，新产下的珍珠鸡蛋，只要保存在其生理零点以下，就可以在一段时间内保持生命力。但是受珍珠鸡蛋内部的物理变化和细菌繁殖的影响，珍珠鸡蛋保存的温度会低于它的生理临界温度。一般要求种蛋的保存温度控制在13～18℃。温度超过18℃则更接近生理零度，容易造成胚胎老化；温度低于13℃也不利于其保持活力。还要注意保持温度的相对稳定，温度频繁升降变化影响胚胎活力。

4）环境湿度　在种蛋保存期间，蛋内水分不断蒸发，为了减少蛋内水分的蒸发，必须提高蛋库内的湿度，但室内湿度过高，各种霉菌和病菌又会大量繁殖，通常要求室内相对湿度75%～80%。

5）保存期间的翻蛋　种蛋保存时，储存3天以内的，应大头向上，因为3天以内的蛋如果小头向上，气室会挪动到蛋的小头或中间，造成以后孵化出雏困难。种蛋储存3天以上的要小头向上,见图44。因为随着储存时间的延长,种蛋内蛋白将变稀,蛋黄上浮,而当蛋黄触及气室时,就会导致胚胎和气室膜粘连而死,此时小头向上,气室不会再变化,蛋黄就会处在蛋白的中心,使胚胎不会脱水和粘连,从而获得较好的孵化率。

图44　种蛋存放

种蛋入库后,要按来源、产蛋日期分别放置,并做好记录;种蛋应码放在蛋盘中,并放在蛋架上,如果没有蛋架,每摞不能超过10层,并放在木板上。种蛋入孵前应在23℃的温度里预温18小时,预温以后再进行孵化,孵化效果更好。

(3)种蛋的码盘　孵化前要将种蛋大头(气室端)朝上整齐地摆放到孵化盘中,这个过程称为码盘。注意,不能让种蛋的小头朝上,否则无法完成胚胎发育过程。

3. 严格消毒

(1)孵化室及孵化器的消毒(图45)　孵化室和孵化器在孵化前1周进行严格的清理消毒,可用甲醛溶液熏蒸消毒,用甲醛溶液14毫升/米^3、高锰酸钾7克/米^3,孵化室熏蒸24小时,孵化器在熏蒸时打开机门以便于消毒药物气体能够进出。

孵化器在使用前1～2天还要进行擦拭消毒,即用沾有消毒药水的抹布将孵化器内部擦拭一遍,然后再用清水擦拭干净,这样能够更彻底地杀灭孵化器内的病原体。

图 45 孵化设备消毒

（2）种蛋的消毒　珍珠鸡种蛋的消毒非常重要，消毒的种蛋孵化率比不消毒的明显要高。珍珠鸡蛋通过泄殖腔产出和产入蛋窝时，蛋壳表面会沾染上很多细菌和病毒，这些细菌和病毒在适宜的条件下大量繁殖。种蛋受到污染不仅影响其自身的孵化，而且污染孵化设备，传播各种疾病。虽然从蛋壳结构上看，蛋壳内外有几道屏障，但这些屏障对病菌的阻止能力有限，大量繁殖的病菌会突破其阻止侵入蛋内，有些病菌会直接导致胚胎死亡，臭烂腐败；有些病菌则使雏珍珠鸡孵出后发病死亡，并传染给存活的雏珍珠鸡的后代。因此，种蛋必须经过严格、认真的消毒，才能进行孵化。

种蛋消毒的原则：一是对实行消毒的工作人员无害，二是不损伤种蛋胚胎，三是杀灭细菌和病毒要干净彻底。因此一定要严格、认真地做好消毒工作。

种蛋消毒要掌握好消毒时间和消毒方法。消毒时间一般分两次进行，第一次是在种蛋收集后立即用福尔马林进行熏蒸消毒，然后送入种蛋室；第二次消毒是在种蛋入孵前后，如果是入孵前常用浸泡或喷洒消毒法消毒，如果是入孵后（即种蛋放在蛋架车上并推入孵化器）则在孵化器内进行熏蒸消毒。

1）甲醛熏蒸消毒法　甲醛熏蒸消毒法是目前国内外使用最普遍的一种消毒方法，消毒效果良好；消毒的用具可自制（图 46 右），用小方木条做一个立方体木框，木框上面和周围四面用塑料薄膜封闭，底面空着。把码好种蛋的蛋盘一层层摆好，再把封闭塑料薄膜的木框扣在蛋盘上面（图 46 左）。消毒时把封闭塑料薄膜的木框掀起 10～20 厘米，把装有福尔马林（36%甲醛溶液）的陶瓷或玻璃容器先放到木框里面，然后再向容器里放进高锰酸钾，迅速放下木框，熏蒸 20 分即可。每立方米空间用福尔马林 42 毫升加 21 克高锰酸钾。福尔马林应避免与人的皮肤接触；甲醛与高锰酸钾反应剧烈，瞬间即能产生大量有毒的气体，操作时动作要迅速，防止操作人员吸入有毒的气体。甲醛熏蒸只能杀灭表面的病菌，沾有脏物的种蛋要先清洗再消毒；熏蒸时种蛋表面不要有水珠，否则会影响胚胎发育。种蛋入孵8小时后，不能再用甲醛熏蒸消毒。

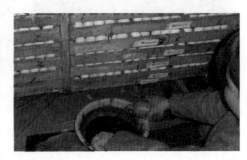

图46　种蛋熏蒸消毒

2）新洁尔灭喷雾消毒法　　新洁尔灭喷雾消毒法是将种蛋事先码放在蛋盘上，用喷雾器把0.1%新洁尔灭溶液喷洒在种蛋面上。1份5%新洁尔灭原液，加50份水混合均匀即可。喷雾时注意要把种蛋和蛋盘全部喷湿，不要留有死角，消毒后要放在室内自然晾干，不要晒干。要等种蛋晾到表面干透后再放到孵化机里进行孵化。珍珠鸡种蛋消毒剂与喷雾消毒见图47。

图47　种蛋消毒剂与喷雾消毒

使用新洁尔灭时，千万不要与高锰酸钾、肥皂、碱类药品或碘类混用，以免药物失效，影响消毒效果。新洁尔灭喷雾消毒法，非常适合于小批量孵化，用手握式小型喷雾器，一次对500毫升药水即可。

3）紫外线照射消毒法　　紫外线照射消毒（图48）的效果与紫外线的强度、照射时间、照射的距离有关。一般要求紫外线的光源距种蛋0.4米，照射时间1分后，把种蛋翻过来再照射一次，最好多用几个紫外线灯，从各个角度同时照射，效果更好。紫外线照射消毒的缺点是种蛋正反面都要照比较麻烦。可用不遮挡紫外线光的透明材料做成蛋架，把种蛋互不相靠地放在上面，上、下、左、右多个紫外线灯同时照射，效果较好。

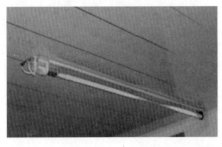

图48　紫外线照射消毒

4）二氧化氯泡沫消毒剂消毒法　近年来国外开始采用二氧化氯泡沫消毒剂消毒种蛋，效果很好。二氧化氯泡沫在使用时，不破坏蛋壳胶膜，而且省药、安全、省力，无气雾、无回溅。二氧化氯泡沫呈重叠状，附着于蛋壳表面时间长，杀菌彻底而对种蛋无伤害。据实验，用二氧化氯泡沫消毒剂消毒脏蛋，可提高孵化率10％以上。具体消毒方法是：用40毫升／千克二氧化氯泡沫消毒剂消毒种蛋5分即可。

4. 孵化的温、湿度要求

（1）温度管理　温度是珍珠鸡种蛋孵化时最重要的条件。只有保证胚胎正常发育所需的适宜温度，才能获得高的孵化率和健雏率。温度过高、过低都会影响胚胎的发育，严重时造成胚胎死亡。珍珠鸡胚胎发育最适宜的温度是38.3℃，孵化温度较其他禽类偏高；单独出雏的出雏机，出雏温度37.5℃。夏季外界气温高时，孵化温度可降0.2～0.4℃；冬季外界气温低时，孵化温度可提高0.2～0.4℃。孵化温度的高低对胚胎发育和健康的影响很大，温度稍高时，胚胎发育加快，孵化期缩短；温度稍低时，胚胎发育偏慢，孵化期延长。如果孵化温度为38.4℃，孵化期为25～26天；若孵化温度为38℃，孵化期为26～27天。由于珍珠鸡的蛋比家鸡蛋小，蛋壳比家鸡蛋壳厚，占整个蛋重的16.7％，而家鸡蛋壳重占整个蛋的11.5％，珍珠鸡蛋比重为1.108～1.124，而家鸡蛋为1.074左右，因此珍珠鸡蛋的孵化温度应比家鸡蛋的温度略高些，否则胚胎发育速度减缓。可采取前高后低的控温方法，见表1。

表1　珍珠鸡种蛋孵化温度

孵化时间(天)	冬季		夏季	
	室温(℃)	孵化期温度(℃)	室温(℃)	孵化期温度(℃)
1～7	18～22	38.6	22～23	38.3
8～15	18～22	38.3	22～23	38.0
16～23	18～22	38.0	22～23	37.5
24～28	18～22	37.5	22～23	37.2

　　孵化过程中要注意保持温度的相对稳定，避免温度忽升忽降对胚胎造成的不良影响。

　　孵化室的温度对孵化器内的温度影响较大，因为进入孵化器的空气来自孵化室，要求孵化室内的温度保持在20～25℃，因此夏季要降温，冬季要加热。

　　（2）湿度控制　　适宜的湿度也是孵化的重要条件。珍珠鸡种蛋孵化过程中适当的湿度在孵化初期能使胚胎发育良好，孵化后期有助于胚胎散热，也利于破壳出雏。种蛋虽然不大，但蛋壳占整个蛋的重量比例较大，尤其在孵化后期，由于蛋壳较厚，加大湿度使蛋壳的碳酸钙在水和空气中二氧化碳作用下，变成碳酸氢钙，使蛋壳变脆，利于雏鸡呼吸及出壳。在孵化温度适宜的情况下，珍珠鸡胚胎对湿度的适应范围较宽，但是，湿度过高或过低均对雏鸡不利。湿度过高时，影响蛋内水分正常蒸发，雏鸡卵黄吸收不好，腹部膨大，脐部愈合不良；湿度过低时，蛋内水分蒸发过多，胚胎与壳膜发生粘连，雏鸡腹部小而硬。

　　孵化湿度的控制原则为"两头高、中间低"。一般孵化1～8天，相对湿度60%～65%；孵化9～18天，相对湿度55%～60%；孵化19～23天，相对湿度60%～65%；孵化24～28天，相对湿度65%～70%。珍珠鸡蛋人工孵化到10天时，为了降低蛋温和增加湿度，每天要用30～40℃温水喷洒蛋面3～4次。24天落盘之后，喷水的量要更大一些，每次以蛋表皮全淋湿为宜。

　　为了保证孵化器内合适的相对湿度，孵化室也要控制好湿度，通常控制在60%左右。一般要求每天对孵化室冲洗两次，既可以保证室内卫生，又可以保持较高的湿度。

5. 通风换气

珍珠鸡种蛋孵化期间，胚胎在发育过程中不断吸收氧气和排出二氧化碳，以保证机体的新陈代谢。为了保证胚胎的正常气体交换，应注意增加通风量，及时补充新鲜空气，保证胚胎发育。胚胎在发育初期，对氧气的需求量不大，但随着胚胎的生长发育，对新鲜空气的需求量则逐渐增大，排出的二氧化碳也相应增加。尤其是在临出壳时，若孵化器通风不良，会使雏鸡闷死在蛋壳内。为此，在孵化过程中，随着种蛋孵化日龄的增长，通风量也必须逐步增加，以满足胚胎生长发育对氧气的需要。孵化初期，胚胎需要的氧气少，蛋黄中溶解的氧气就能满足需要，通气量可小些，孵化器的通气孔只需打开1/4就可以了。随着孵化天数的增加，通气孔逐渐开大，至孵化中期（约12天）应全部打开。当采用分批入孵时，机器内有各个时期的胚胎，则应全部打开通气孔。在不影响温度、湿度的情况下，通风换气越畅通越好。

一般要求孵化器内空气中氧气的含量不得低于20%，而二氧化碳的含量不得超过0.5%。若二氧化碳含量达1%时，则会出现胚胎发育迟缓，死亡率增高，出现胎位不正和畸形等现象。

由于孵化器的进风口直接与孵化室内连通，所以要保证孵化室内良好的通风换气条件。一般采用正压送风的方式，将室外新鲜空气吹进室内，注意不要让风机直接对着孵化器吹。孵化器的排风口要用专门的集风管道收集废气并集中排放到室外，不能让污浊空气直接排到室内，否则将无法保证孵化器内的空气质量。

6. 翻蛋和晾蛋

（1）翻蛋　孵化期内应每隔2～3小时翻蛋一次，可防止胚胎与蛋壳粘连，使整个蛋受热均匀增加孵化率。现代孵化器设计时将自动翻蛋频率固定为每1小时或2小时一次，到时间设备自动翻蛋。如果采用人工翻蛋方式，在孵化早期增加翻蛋次数，可提高孵化率，每天翻蛋8～12次，以后每天6～8次。翻蛋角度为90°。要保持种蛋大头朝上、小头朝下，孵化到23天时就停止翻蛋。

（2）晾蛋　晾蛋也称凉蛋（图49）。孵化进入后期，胚胎自身产生的代谢热增多，这时如把蛋放在眼上感到烫眼，就需要进行凉蛋。凉蛋方法是：停止加温，打开孵化器15～30分，待蛋壳稍凉即可。每天凉蛋2次。如果原来的孵化温度偏低，胚胎发育迟缓的不应凉蛋。在雏鸡出壳前几天将蛋盘取出，用凉开水均匀地喷在蛋壳上，可促使蛋壳变脆，有利于破壳出雏，每天喷水 1 次，但种蛋温度过低，反而会延长出壳时间。

由于种珍珠鸡种蛋的蛋壳较厚，蛋内的热量不容易散发而造成在蛋内积聚，如果不进行凉蛋处理就会导致蛋内温度过高，造成胚胎死亡。因此，在正常情况下需要于 12 天以后进行凉蛋。尤其是在夏季外界温度较高的情况下，更要注意凉蛋。

图49 凉蛋

7. 照蛋

第一次照蛋一般在入孵后 8 天进行，其目的就是剔出未受精蛋（也称无精蛋、白蛋）和死精蛋。在照蛋灯下凡蛋壳通亮的为无精蛋；蛋壳稍透亮，有一条暗红色的血管并紧贴蛋壳上的为死精蛋，有的死精蛋还能够看到蛋黄上有一个暗褐色斑点或斑块。本次照蛋还能够发现入孵时漏检的裂纹蛋，裂纹在照蛋灯下显得透亮度很高。

第二次照蛋一般在孵化后23～24天进行，与落盘结合在一起。这时发育正常的蛋中下部为暗褐色，气室边界起伏呈波浪状有血丝分布。蛋壳透亮的为无精蛋或死胚蛋；死胚蛋的气室边界平整较模糊，看不见红色的血线，蛋的中间部位有一个可以晃动的暗影，蛋的小头颜色浅。本次照蛋还要注意观察胚胎发育情况，以确定落盘后出雏器内的温度。如果前期温度偏低，则蛋的小头依然颜色较浅，其他部位正常；如果前期温度偏高，则气室下发红部分很少。

照蛋期间要求孵化室内的温度不能低于25℃，否则在照蛋过程中会造成胚胎受低温影响时间长，出现发育迟缓现象，严重时会影响孵化率或健雏率。

每次照蛋后要及时统计无精蛋、死胚蛋的数量并计算种蛋受精率，查找可能会对孵化效果造成影响的各种因素，便于下一步采取措施改进。

照蛋方法见图50、图51。

图50　使用照蛋台进行照蛋

图51　使用照蛋灯进行照蛋

8. 落盘

种蛋孵化至23～24天落盘，把种蛋从孵化器的孵化盘移到出雏器的出雏盘的过程叫落盘（或移盘）。在落盘的同时将无精蛋、污染蛋和破损蛋以及未正常发育为合格胚胎（即早死胚和中死胚）的蛋剔除。落盘是孵化过程中的重要环节，如果操作不当，会对孵化生产造成重大的损失。

落盘前应提高室温（室温达到25～28℃），目的在于减少落盘过程中胚蛋受低温的影响程度。

落盘前将要使用的出雏器准备好。在上一批出雏结束后，应立即将出雏盘和出雏车彻底清洗消毒，同时将出雏器、出雏室和绒毛房冲洗干净，并消毒。然后将冲洗消毒过的出雏盘移放到出雏车上，并将带有出雏盘的出雏车推进出雏器内，开启烘干程序，将出雏盘和出雏器烘干，备用。

落盘时动作要轻、快、稳，严禁动作粗暴，以免胚胎受剧烈震动而造成损伤，影响孵化率。每车种蛋的照蛋落盘工作应在 10～20 分完成。落盘后最上层的出雏盘要加盖网罩或覆盖空出雏盘，以防下面出雏盘内雏鸡出壳后蹿出。对于分批孵化的种蛋，落盘时不要混淆不同批次的种蛋。落盘前要调好出雏器的温湿度及进排气孔。出雏器的环境要求是高湿、低温、通风好、黑暗、安静。

在落盘过程中遇到污染蛋炸裂等情况时，要及时清除，并将污染蛋放入盛有消毒液的容器进行浸泡消毒，然后及时运出孵化车间，用消毒液对所污染的地方进行严格消毒，避免污染正常种蛋、设备和操作环境。

落盘的同时进行照蛋，将死亡的种蛋拣出，将发育正常的种蛋摆放在出雏盘内，要单层平放。应注意胚胎自身产生的温度出现超温现象，必要时可用 36～40℃ 温水每天喷洒蛋面 2～3 次。此时不要翻蛋，等待出雏。记录死亡种蛋和发育正常种蛋的数量。

落盘后的胚蛋在出雏器内继续进行孵化，这期间孵化温度控制在 37.5℃ 左右，相对湿度控制在 68% 左右，进风口和排风口开到最大位置，停止翻蛋。

9. 出雏

珍珠鸡蛋壳厚而硬，不利雏鸡出壳，因此，孵化至 24 天后，应每天加大湿度，可用 36～40℃ 温水每天喷洒蛋面 2～3 次，待晾干后继续孵化，这样有利于雏鸡破壳，从而减少出雏期的死胎。在出雏前，出雏器的底部应先垫上粗布，同时关闭出雏器内照灯，以防出雏器底过滑造成雏鸡脚开叉或踝关节受损和雏鸡见灯光爬动。从孵化的 25 天起，会有啄壳而出的雏珍珠鸡，要及时将出壳的雏鸡从出雏盘中取出，转移到雏鸡盘中。正在出壳的珍珠鸡见图 52。

出雏期间，视出雏情况及时将绒毛已干的雏鸡和空蛋壳捡出（图 53），一般是出雏达 30% 左右捡出第一批，出雏达 60% 左右捡出第二批，最后捡出剩余雏鸡。对于少数难以出壳的雏鸡，可人工助产破壳。如破壳已过 1/3，内膜发黄且干枯，血管萎缩，即应进行人工助产，要胆大心细，不能撕断血管，造成死亡。如破壳超出 1/3 而绒毛发黄、发焦，有的发干，包住胚胎，可用 37～40℃ 的温水湿润后再进行剥离，当雏鸡露出头后，估计自行可以挣脱出壳时，应停止操作让其自行出壳。每次捡出的雏鸡应及时分放在雏箱或雏篮内，置于 35～37℃ 的暗室内，让雏鸡充分休息。

出壳后，需在出雏器内待几小时，羽毛干燥后再取出。并注意出雏结束后，将畸形、叉脚或弱小的雏鸡及时淘汰。这类雏鸡无饲养价值，且易诱发疾病和恶癖。

图52　正在出壳的雏珍珠鸡

图53　刚从出雏器中拣出的雏珍珠鸡

10. 雏珍珠鸡处理

雏珍珠鸡出壳并从出雏器中捡出来后要进行分拣，挑出那些不适宜销售的弱雏，将健雏进行马立克疫苗接种，之后按照规定数量放入雏鸡盒待售（图54）。

弱雏主要是指站不起来、跛行、关节肿大、脐部愈合不良、绒毛黏结、腹部过大过软或小而硬以及有其他外貌缺陷的个体。把这些个体随同孵化废弃物一起进行无害化处理。

图54　装箱待售的雏珍珠鸡

11. 清理

出雏结束后要清点出壳的雏珍珠鸡总数、能够出售的雏珍珠鸡数等，计算孵化效果，为下批次孵化提供参考。

出雏结束将死亡雏珍珠鸡、未出壳的胚蛋（毛蛋）、碎蛋壳等集中清理到孵化厂外进行无害化处理。清理出雏器并消毒；将出雏盘进行冲洗和消毒，晾干后备用。

专题五
珍珠鸡生产设施

专题提示

平原地区地势一般比较平坦、开阔，应将场址选择在较周围地段稍高的地方，以利排水防涝。对靠近河流、湖泊的地区，场地应比当地水文资料中最高水位高1～2米，以防涨水时被水淹没。山区建场应选在稍平缓的坡上，坡面向阳。

一、场址要求

1. 自然环境条件

（1）地势地形　家禽场应选在地势较高、干燥及排水良好的场地，要避开低洼潮湿地，远离沼泽地。地势要向阳背风，以保持场区小气候温热状况的相对稳定，减少冬春季风雪的侵袭。在山坡地建设的珍珠鸡场见图55。

图55　在山坡地建设的珍珠鸡场

（2）水源水质　家禽场要有水质良好和水量丰富的水源，同时便于取用和进行防护。

水量充足是指能满足场内人禽饮用和其他生产、生活用水的需要，且在干燥或冻结时期也能满足场内全部用水需要。

　　珍珠鸡场的水源应当充足、清洁，要求水中不含有不含细菌、寄生虫卵及矿物毒物，无臭和异味，水质澄清。在选择地下水做水源时，要调查是否因水质不良而出现过某些地方性疾病。水源不符合饮用水卫生标准时，必须经净化消毒处理，达到标准后方能饮用。

　　（3）土壤地质　珍珠鸡饲养场建在沙质土壤上为好（图56）。因为沙壤土的土质疏松，透水性和透气性良好，能保证场地干燥。另外，沙壤土排水良好，导热性小，病原菌、寄生虫、蚊蝇等不易繁殖，合乎卫生要求。同时，由于土壤疏松，不致使有机物发酵产生氨、硫化氢等有害气体污染空气。根据珍珠鸡喜欢沙浴的习性，运动场以沙质土最宜。

图56　沙壤土的运动场

　　土壤的透气性、吸湿性、毛细管特性及土壤化学成分等不仅直接和间接影响珍珠鸡场的空气、水质和地上植被等，还影响土壤的净化作用。沙壤土最适合场区建设，但在一些客观条件有限的地方，选择理想的土壤条件很不容易，需要在规划设计、施工建造和日常使用管理上设法弥补土壤缺陷。

　　对施工地段工程地质状况的了解，主要是收集工地附近的地质勘查资料，了解地层的构造状况，如断层、陷落、塌方及地下泥沼地层。对土层土壤的了解也很重要，如土层土壤的承载力，是否是膨胀土或回填土。膨胀土遇水后膨胀，导致基础破坏，不能直接作为建筑物基础的受力层；回填土土质松紧不均，会造成建筑物基础不均匀沉降，使建筑物倾斜或遭破坏。遇到这样的土层，需要做好加固处理，严重的不便处理的或投资过大的则应放弃选用。此外，了解拟建地段附近土质情况，对施工用材也有意义，如沙层可以作为砂浆、垫层的骨料，可以就地取材，节省投资。

（4）气候因素　气候状况不仅影响建筑规划、布局和设计，而且会影响珍珠鸡舍朝向、防寒与遮阳设施的设置，与珍珠鸡场防暑、防寒日程安排等也十分密切。因此，规划珍珠鸡场时，需要收集拟建地区与建筑设计有关和影响珍珠鸡场小气候的气候、气象资料和常年气象变化、灾害性天气情况等，如平均气温，绝对最高气温、最低气温，土壤冻结深度，降水量与积雪深度，最大风力，常年主导风向、风向频率，日照情况等。各地均有民用建筑热工设计规范和标准，在珍珠鸡舍建筑的热工计算时可以参照使用。珍珠鸡场的选址见图57。

图57　珍珠鸡场

2. 社会环境条件

（1）城乡建设规划　珍珠场选址应符合本地区农牧业发展总体规划、土地利用发展规划、城乡建设发展规划和环境保护规划，不要在城镇建设发展方向上选址，以免影响城乡人民的生活环境，造成频繁的搬迁和重建，见图58。

图58　珍珠鸡场要远离城镇

（2）交通运输条件　珍珠鸡场每天都有大量的饲料、粪便、产品进出，所以场址应尽可能接近饲料产地和加工地，靠近产品销售地，确保其有合理的运输半径。大型集约化商品场，其物资需求和产品供销量极大，对外联系密切，故应保证交通方便，场外应通公路，但应远离交通干线。

要求珍珠鸡场与交通干线的距离不低于 500 米，交通干线与珍珠鸡场之间有专用的道路。

（3）电力供应情况　珍珠鸡场生产、生活用电都要求有可靠的供电条件，一些珍珠鸡生产环节如孵化、育雏、机械通风等电力供应必须要绝对保证。通常，建设畜牧场要求有2级供电电源。在3级以下供电电源时，则需自备发电机，以保证场内供电的稳定可靠。为减少供电投资，应尽可能靠近输电线路，以缩短新线路敷设距离。

（4）卫生防疫要求　为防止珍珠鸡场受到周围环境的污染，选址时应避开居民点的污水排出口，不能将场址选在化工厂、屠宰场、制革厂等容易产生环境污染企业的下风向处或附近。在城镇郊区建场，距离大城市 20 千米，小城镇 10 千米。按照畜牧场建设标准，要求距离铁路、高速公路、交通干线不小于 1 千米，距离一般道路不小于 500 米；距离其他畜牧场、兽医机构、畜禽屠宰厂不小于 2 千米，距居民区不小于 3 千米，且必须在城乡建设区常年主导风向的下风向。禁止在以下地区或地段建场：规定的自然保护区、生活饮用水水源保护区、风景旅游区；受洪水或山洪威胁及有泥石流、滑坡等自然灾害多发地带；自然环境污染严重的地区。

（5）土地征用需要　必须遵守十分珍惜和合理利用土地的原则，不得占用基本农田，尽量利用荒地和劣地建场。大型企业分期建设时，场址选择应一次完成，分期征地。

（6）协调周边环境　珍珠鸡场的辅助设施，特别是蓄粪池，应尽可能远离周围住宅区，一定要避开邻近居民的视线，尽可能利用树木等将其遮挡起来。建设安全护栏，并为蓄粪池配备永久性的盖罩。

应仔细核算粪便和污水的排放量，以准确计算粪便的储存能力，并在粪便最易向环境扩散的季节里，储存好所产生的所有粪便，防止粪便发生流失和扩散。建场的同时，最好规划一个粪便综合处理利用厂，化害为利。

二、珍珠鸡场的规划

规划是指在珍珠鸡场已经选好的场地中，如何布局各种建筑物。目的是减少相互之间的影响，方便生产管理和卫生防疫。

1. 放养珍珠鸡场的规划

许多商品珍珠鸡饲养都采用放养模式(图59)，利用树林、苗木场地、荒滩、山沟等作为放养场地。在放养模式中，鸡场的规划相对简单，只需要根据场地的形状、大小以及周边环境选择建造鸡舍的位置，在鸡舍的一侧留出放养场地。

也可以在放养场地的中间建造鸡舍，将放养场地用尼龙网分隔成4~6个小区，外围用尼龙网围起来。鸡群可以轮流在几个小区内放养。

图59　放养珍珠鸡场

2. 笼养珍珠鸡场的规划

小型笼养珍珠鸡场一般只有少数几栋鸡舍，容易规划，把成年鸡舍建在近鸡场门口附近，把育雏室建在里面(与门口较远的地方)；专业性的商品珍珠鸡养殖场也是这样。大中型笼养珍珠鸡场常常是大而全，在一个场内饲养有雏珍珠鸡、青年珍珠鸡、成年种珍珠鸡、商品珍珠鸡等，在规划方面可以参考蛋鸡场的规划要求。

(1)珍珠鸡场各种房舍和设施的分区规划　首先考虑办公和生活场所尽量不受饲料粉尘、粪便气味和其他废弃物的污染；其次要考虑生产珍珠鸡群的卫生防疫，为杜绝各类传染源对鸡群的危害，依地势、风向排列各类鸡舍顺序，若地势与风向在方向上不一致时，则以风向为主。因地势而使水的地面径流造成污染时，可用地下沟改变流水方向，避免污染重点鸡舍；或者利用侧风避开主风向，将要保护的鸡舍建在安全位置，免受上风向空气污染。根据拟建场地条件，也可用林带相隔，拉开距离使空气自然净化。珍珠鸡场分区规划的总体原则是人、鸡、污三者以人为先、污为后，风与水以风为主的排列顺序。

珍珠鸡场内生活区、行政区和生产区应严格分开并相隔一定距离，生活区和行政区在风向上与生产区相平行，有条件时，生活区可设置于鸡场之外，否则如果隔离措施不严，将来会造成防疫措施的重大失误，使各种疫病连续不断地发生，导致养殖失败。

生产区内布局还应考虑风向，从上风方向至下风方向按代次应依次安排种鸡、商品代鸡，按珍珠鸡的生长期应安排育雏舍、育成舍、成年种鸡舍和商品鸡舍，这样有利于保护重要鸡群的安全。

生产区是珍珠鸡场布局中的主体，应慎重对待，孵化室应和所有的鸡舍相隔一定距离，最好设立于整个鸡场之外。珍珠鸡场生产区内，应按规模大小、饲养批次将鸡群分成数个饲养小区，区与区之间应有一定的隔离距离，各类鸡舍之间的距离应以各品种各代次不同而不同，种鸡舍之间每栋距离为 40 ～ 60 米，商品代鸡舍每栋之间距离为 20 ～ 40 米。每栋鸡舍之间应有隔离措施，如围墙或沙沟等。珍珠鸡舍布局见图 60。

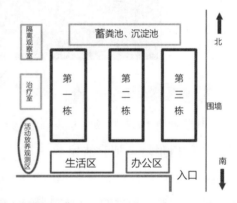

图 60　珍珠鸡舍布局图

（2）珍珠鸡场生产流程　场内的生产流程与生产工艺有很大关系。商品珍珠鸡场的生产工艺一般有两阶段，即保温舍饲养阶段、育肥舍饲养阶段，前者主要饲养 8 周龄以前的珍珠鸡，后者饲养 8 周龄后至出栏阶段的珍珠鸡；既可以采用"全进全出"管理制度，也可以采用分批饲养制度。种珍珠鸡场一般采用 3 阶段生产工艺，即保温舍饲养阶段、青年鸡舍饲养阶段和成年鸡舍饲养阶段，分别饲养 3 个阶段的珍珠鸡。

珍珠鸡场内有两条最主要的流程，一条为饲料（库）→鸡群（舍）→产品（库），这三者间联系最频繁、劳动量最大；另外一条流程线为饲料（库）→鸡群（舍）→粪污（场），其末端为粪污处理场。因此，饲料库、蛋库和粪场均要靠近生产区，但不能在生产区内，因为三者需与场外联系。饲料库、蛋库和粪场为相反的两个末端，因此其平面位置也应是相反方向或偏角的位置。

（3）场内道路（图61） 珍珠鸡场内道路布局应分为清洁道（净道）和污道。清洁道主要用于工作人员的行走、饲料及其他用品的运送，其走向为生产区大门、孵化室、各类珍珠鸡舍，各舍有入口连接清洁道；污道主要用于运输鸡粪、旧垫料、死鸡及鸡舍内需要在室外清洗的脏污设备，其走向也为孵化室、育雏室、育成舍、成年鸡舍（各舍均有出口连接脏污道），最终通向鸡场的粪便堆积场。清洁道和脏污道不能交叉，以免污染。净道和污道以沟渠或林带相隔。

图61　珍珠鸡场的污道（左）和净道（右）

（4）珍珠鸡场的绿化（图62） 绿化是衡量环境质量的一项重要指标。合理的绿化有助于改善场内环境质量、减轻病原体的传播，还可以增加效益。各种绿化布置能改善场区的小气候和舍内环境，有利于提高生产率。进行绿化设计必须注意不影响场区通风和鸡舍的自然通风效果。

放养珍珠鸡场一般有林地、果园，有很好的绿化条件。圈养或笼养珍珠鸡要求在场区内的鸡舍之间、道路两旁、围墙内外及其他空闲地方都栽植树木。

图62　珍珠鸡场的绿化

在珍珠鸡场内的不同地方由于绿化的目的有差异，绿化用的树木也不同。

围墙内外应栽植高大乔木以发挥隔离作用；鸡舍前后同样栽植高大阔叶乔木以起到遮阳作用；道路两侧阔叶种植景观树木以美化环境；笼养鸡舍之间可以种植果树或其他经济树木，放养鸡舍之间的空地可以种植小乔木或核桃、石榴等果树，既可以遮阳，也可以避免珍珠鸡通过登上高枝飞逃出去；粪便存放场周围应密集种植常绿乔木并高低结合以起到遮挡的效果。

3. 珍珠鸡舍建造

（1）珍珠鸡舍的类型

1）全敞开式　又称棚式，即四周无墙壁，用网、篱笆或塑料编织物与外部隔开，由木柱或砖柱支撑房顶，见图63。这种鸡舍通风效果好，但防暑、防寒、防雨、防风效果差，适于炎热地区或北方夏季使用，低温季节需封闭保温。以自然通风为主，必要时辅以机械通风，采用自然光照，具有防热容易保温难和基建投资运行费用少的特点。一般在放养商品珍珠鸡的情况下采用这种鸡舍。

一般情况下，全敞开式鸡舍多建于我国南方地区，夏季温度高、湿度大，冬季也不太冷。此外，也可以作为其他地区季节性的简易鸡舍。

图63　棚式饲养珍珠鸡

图64　半敞开式珍珠鸡舍

2）半敞开式（图64）　前墙和后墙上部敞开，一般敞开1/2～2/3，敞开的面积取决于气候条件及鸡舍类型，敞开部分可以装上卷帘成为卷帘鸡舍，高温季节便于通风，低温季节封闭保温。

3）有窗式（图65）　四周用墙封闭，南北两侧墙上设窗户用于通风和采光，通过开窗机构来调节窗的开启程度。在气候温和的季节里依靠自然通风，不必开动风机；在气候不利的情况下则关闭南北两侧墙上大窗，开启一侧山墙的进风口，并开动另一侧山墙上的风机进行纵向通风。该种鸡舍既能充分利用阳光和自然通风，又能在恶劣的气候条件下实现人工调控室内环境，在通风形式上实现了横向、纵向通风相结合，因此兼备了开放与密闭式的双重特点。目前，大多数的珍珠鸡场都采用这种鸡舍类型。

图65　有窗式珍珠鸡舍

（2）珍珠鸡舍设计与建造的基本原则　珍珠鸡舍设计与建造合理与否，不仅关系到鸡舍的安全和使用年限，而且对鸡群生产潜力的发挥、舍内小气候状况、鸡场工程投资、鸡群健康等都具有重要影响。进行鸡舍设计与建造时，必须遵循以下原则：

1）满足建筑功能要求　珍珠鸡场建筑物有一些独特的性质和功能。要求这些建筑物既具有一般房屋的功能，又有适应珍珠鸡饲养的特点；由于场内饲养密度大，所以需要有兽医卫生及防疫设施；由于有大量的废弃物产生，所以场内必须具备完善的粪尿处理系统；还必须有完善的供料储料系统和供水系统。这些特性，决定了珍珠鸡场的设计、施工只有在畜牧兽医专业技术人员参与下，才能使鸡场的生产工艺和建筑设计符合畜牧生产的要求，才能保证设计的科学性。

2）符合珍珠鸡生产工艺要求　规模化珍珠鸡场通常按照流水式生产工艺流程，进行高效率、高密度、高品质生产，鸡舍建筑设计应符合珍珠鸡生产工艺要求，便于生产操作及提高劳动生产率，利于集约化经营与管理，满足机械化、自动化所需条件和留有发展余地。首先要求在卫生防疫上确保本场人禽安全，避免外界的干扰和污染，同时也不污染和影响周围环境；其次要求场内各功能区划分和布局合理，各种建筑物位置恰当，便于组织生产；再次要求鸡场总体设计与鸡舍单体设计相配套，鸡舍单体设计与建造符合家禽的卫生要求和设备安装的要求；最后要求按照"全进全出"的生产工艺组织珍珠鸡的商品化生产。

3)有利于各种技术措施的实施和应用　正确选择和运用建筑材料，根据建筑空间特点，确定合理的建筑形式、构造和施工方案，使鸡舍建筑坚固耐用，建造方便。同时，鸡舍建筑要利于环境调控技术的实施，以便保证珍珠鸡良好的健康状况和高产。

4)注意环境保护和节约投资　既要避免珍珠鸡场废弃物对自身环境的污染，又要避免外部环境对珍珠鸡场造成污染，更要防止珍珠鸡场对外部环境的污染。要搞好鸡场环境保护，合理选择场址及规划是先决条件，重视以废弃物处理为中心的环境保护设计，大力进行生态珍珠鸡场建设，充分利用废弃物，是环境保护的重要措施。

在鸡舍设计和建造过程中，应进行周密的计划和核算，根据当地的技术经济条件和气候条件，因地制宜、就地取材，尽量做到节省劳动力、节约建筑材料，减少投资。在满足先进的生产工艺前提下，尽可能做到经济实用。

（3）珍珠鸡舍的基本参数

1)屋顶材料　屋顶材料与鸡舍的保温隔热、防水、防火、重量等有很大关系，要求屋顶材料应具备保温隔热、防水防火、重量较轻、结实的特点。目前使用比较理想的是彩钢瓦（图66），也有使用机制红瓦的，如果使用石棉瓦则需要双层，最好在两层中间加隔热材料。

目前，在一些珍珠鸡场使用光伏发电材料作为部分屋顶材料，利

图66　彩钢瓦屋顶材料

用光伏发电为珍珠鸡场提供电力供应。

2) 珍珠鸡舍地面　珍珠鸡舍地面要求平坦、光滑、易于冲洗；结实、不易破损，隔潮性能好。

采用地面平养方式的珍珠鸡舍，要求室内地面要比室外高35厘米左右，地面硬化处理，北侧略高于南侧，相对坡度为2%。在靠舍内南侧要设置宽25厘米、深30～15厘米的排水沟，排水沟靠前段深度小，末端深度大，以利于其中污水的外流，排水沟上面用铁丝网做篦子。

网上平养要求室内地面也要比室外高出35厘米左右，室内南侧地面略高于北侧，在鸡舍内北侧地面设置排水沟。

笼养鸡舍室内地面比室外高40厘米左右，鸡笼的下方设置粪沟用于安装自动刮粪板。保证粪沟末端的沟底平面不低于室外地面。

3) 珍珠鸡舍的高度　影响珍珠鸡舍高度的因素主要有以下几方面：

a. 鸡舍屋顶类型　鸡舍屋顶类型对鸡舍高度的影响很大。采用"人"字形屋顶或拱形屋顶时梁上到屋顶下的空间比较大，梁下的高度可以适当减小，而采用平顶屋顶结构则梁下的高度要适当增加。

b. 珍珠鸡群饲养方式　饲养方式对鸡舍高度的影响很大。采用地面平养方式的鸡舍其梁下高度最低，网上平养方式次之，笼养方式要求梁下高度最大。

c. 通风方式　通风方式也会影响到鸡舍的高度。采用自然通风方式要求鸡舍的高度要大些，采用机械通风则鸡舍高度可以小些。

d. 清粪方式　清粪方式影响鸡舍的高度。采用半高床或高床饲养方式，平时的鸡粪堆积在鸡笼下面，要求鸡舍的高度要高些；采用机械刮板清粪方式则鸡舍的高度不需要额外增高。

地面垫料平养珍珠鸡舍的梁下高度（横梁与室内地面之间的垂直距离）2.2～2.7米，能够满足工作人员在地面站立时进行的生产操作。

网上平养鸡舍的梁下高度可以比地面垫料平养高出30～50厘米，见图67。

图67　网上平养鸡舍高度示意

　　笼养珍珠鸡舍的高度要考虑鸡笼的高度，一般要求鸡笼顶部与横梁之间的距离在 0.7～1.2 米，见图68。

图68　笼养鸡舍高度示意

　　4）珍珠鸡舍的宽度　　宽度的确定相对灵活，尤其是采用地面平养或网上平养方式的情况下，宽度可以在 5～12 米之间选择。宽度大于 8 米的时候可以考虑在鸡舍中间设置立柱支撑屋顶。

　　如果采用笼养方式则要考虑鸡笼的宽度、走道宽度和鸡笼在鸡舍内的布局方式。目前，笼养成年珍珠鸡大都是使用产蛋鸡笼饲养，以五门横拉门蛋鸡笼为例，每组可饲养珍珠鸡 90 只，每组的长、宽、高分别为 1.95 米、2.2 米、1.45 米，标准 1 万只鸡舍需要 114 组。如果采用三列四走道布局方式，每组笼的宽度为 2.2 米，每条走道宽度为 0.8 米，笼和走道占据的宽度（珍珠鸡舍的室内净宽度)为9.8米,如果使用普通的砖墙,每侧墙的厚度为25厘米,鸡舍总宽度为10.3米。

5)珍珠鸡舍的长度 鸡舍长度主要与场地大小、形状、鸡群养殖规模有关。笼养鸡舍长一般在50～80米之间。中等标准化笼养珍珠鸡舍,四列三层五过道,实际笼位16 896个,鸡舍建筑面积1 168米^2(包括操作间和宿舍)。鸡舍长92.54米,其中前过道(包括机头)3.5米,后过道(包括机尾)2.5米,单列笼长85.8米;44组笼,单笼长1.95米(包括笼架);鸡舍宽12.22米,其中粪沟宽1.57米,中间三个过道宽1.1米,两边过道宽0.95米;鸡舍屋檐高2.6米,屋脊高1米;鸡舍前侧面设操作间宽3.5米,长4.5米。珍珠鸡舍长度设计示意图见图69。

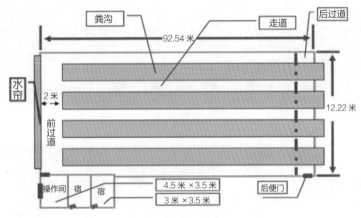

图69 珍珠鸡舍长度设计示意

平养鸡舍长度可以在较大的范围内变动,一般在30～80米,见图70。大多数小型珍珠鸡养殖场每栋鸡舍饲养珍珠鸡的数量较少,鸡舍的长度也相对较短。

图70 平养珍珠鸡舍的长度设计示意

6)鸡舍的门窗　如果采用笼养方式，可以按照蛋鸡舍的门窗设计方式进行设计，见图71。如果采用带有室外运动场的平养方式，窗户可以采用扁平窗，每间房设计1个，宽1米、高0.6米，窗户内侧用金属网或塑料网钉好，窗台距地面1.2米左右。南侧每隔两间房在房间南墙中间的下部设置一个地窗（图72），供鸡群进出鸡舍。地窗底部与室内地面等高，高0.7米、宽0.7米，安装向外开的门。

图71　有窗式珍珠鸡舍

图72　带有地窗的珍珠鸡舍

4. 生产设备

（1）防飞网栏　由于珍珠鸡人工驯化的时间短，在家养情况下仍表现出明显的野生习性，一般1月龄后羽毛长齐，具有飞跃能力，活动能力也很强，所以栏舍外的运动场周围要设置铁丝网、尼龙网，网眼大小以珍珠鸡不能逃出为宜，一般不大于3厘米×3厘米，网栏高约2.5米，见图73。栏内的地面铺粗沙或煤渣，栏内设置若干栖息网。

图73　珍珠鸡室外运动场周围的拦网

拦网要定期检查，防止出现破损或接缝处出现松动。网的底边缘与地面之间要有专门的固定设施，保证拦网底部不出现缝隙。

（2）育雏器及加热器　主要用于雏珍珠鸡的饲养，常用的简便方法有以下几种：

1）电热毯育雏（图74）　电热毯育雏适合中小规模的饲养场户采用。电热毯的温度自下而上，温度稳定，安全可靠，使用时先启开升温开关，0.5小时左右达到温度要求后，再把开关调至恒温档。电热毯上面最好用保温帐（也可用塑料浴罩），以利于营造一个小气候，既便于保温，又节约电能。育雏密度每平方米不超过20只。

图74　电热毯育雏

2）火炉育雏（图75）　根据育雏室面积的大小和育雏数量决定安装火炉的数量及布局。一般可按一个火炉育300～500只雏鸡配置。雏鸡饲养密度为每平方米15～20只。此外，育雏室内要注意空气流通，以免造成缺氧。

图75　火炉加热育雏

3）育雏保温伞　适用育雏加温，平养立体养殖均可。真正的全自动加温控温设备，只要设置好所需要的温度，其他就无须人工看管，加温均匀精确，雏珍珠鸡不会因为温度达不到而死亡，大大提高了育雏成活率。现简述两种常用的育雏伞如下：

a. 电热育雏伞（图76）　在供电有保证地区的珍珠鸡场，平面饲养方式的雏珍珠鸡，普遍采用电热育雏伞。保温伞内装有电热丝、调温设备等，可随雏珍珠鸡日龄所需的温度进行调节。育雏珍珠鸡数按育雏器面积大小而定，一般为300～500只雏珍珠鸡。

图76　电热育雏伞及其温控装置

b. 燃气育雏伞　利用液化石油气为热源，制成燃气育雏伞，伞内有温度自控装置，当温度高时，控制器调整一根管子通气，燃烧一圈炉盘，使温度降低；当温度低时，两根管子通气，燃烧两圈炉盘可使温度上升。燃气育雏伞升温快，保温效果好，育雏率高。据介绍直径为2.1～2.4米的燃气育雏伞，可容纳700～1 000只雏珍珠鸡。

燃气育雏环，是利用燃烧煤气用白金制作触点以产生红外线辐射供暖，发热量大，安全可靠。直径为78厘米的燃气育雏环，容雏数为800～1 000只。

c. 热风育雏伞　也称育雏保温器（图77），与其他电热取暖器的区别在于普通的取暖器温度只能横向扩散或向上扩散，横向扩散范围也不大，地面上能接受到的热量也不多，因为热量是往上跑的。育雏保温器有4个风扇，能将热量传递到地面及周围，使整个房间温度均匀，适合平养也适合立体养殖，是真正的养殖专用加温设备。

图77　育雏保温器

如果是平养（地面养殖），将育雏保温器挂在场地的居中位置，高度在1.8～2.0米，也可根据实际情况自行调节高度，挂好后将220伏的两根电源线分别接在育雏保温器上标注着L和N的接线端上，注意拧紧螺丝，然后将温度探头悬挂在保温器与地面的中间位置即可，也可根据需要自行调节高低。如果是立体养殖（多层笼养），将保温器装在场地中间的笼子上方，也可避开笼子，只要是居中并高于笼子的位置安装即可。保温器安装数量根据场地大小及所需温度而定。安装完毕后打开空气开关，育雏保温器开始工作，此时可按上下按钮设置所需温度，温度1～99℃可调节，设置好温度后，保温器就开始自行升温控温，全程无须人工看管。如设定温度37℃，保温器达到38℃后就自行关闭发热管电源不再加温，当温度跌至35℃时自动开启加温。（场地保温情况好，发热管关闭时间就越长，产品就越省电）

冬季时一台产品能使10～15米²的房间温度达到35℃以上，其他季节能使20～25米²的空间达到35℃以上。育雏保温器配合煤炉或热风炉使用，能有效解决煤炉热风炉温度控制不好、加温不均匀的难题，育雏保温器既能提升空间温度，同时独有的四风扇设计又能使空间各点温度均匀，控温效果绝佳，省心又省力。

4）育雏笼（图78）　有阶梯式和叠层式两种，这是目前使用的饲养方式。

一般三层阶梯育雏笼规格为 196 厘米 ×235 厘米 ×140 厘米，可养 200 ～ 600 只珍珠鸡，四层立式育雏笼规格为 140 厘米 ×70 厘米 ×160 厘米，可养 150 ～ 400 只珍珠鸡。可根据场地大小做适当调整，可加装自动饮水系统、自动上料系统、自动清粪系统，也可做二层或多层调整。

图 78　育雏笼

（3）饮水器

1）真空饮水器（图 79）　由尖顶的圆桶状水壶和底部比圆桶稍大的圆盘状水盘构成。水球是密封的，其基部离底盘高 2 厘米处开有 1 ～ 2 个圆孔。水球盛满水后，当盘内水位低于小圆孔时，空气由小圆孔进入桶内，水就会自动流到底盘；当盘内水位高于小圆孔时，空气进不去，水就流不出来。这种饮水器构造简单，洗刷方便，适于平养珍珠鸡使用，也常用于珍珠鸡的笼养育雏阶段。在放养珍珠鸡时，放养场地内也都是放置若干个真空饮水器供鸡群饮水。

图 79　真空饮水器

2）普拉松饮水器（图 80）　该饮水器的安装需要在横梁上架设 1 条或多条水管，水管每间隔 2 米有一个出水孔并在上面加装一个水嘴，水嘴与饮水器的水阀之间有一条软管连接。饮水器用吊绳悬吊在横梁上，高度可以调节，当安装完成并打开水管阀门后水管中的水通过软管和饮水器上的调节阀进入水盘，当水盘内的水达到一定重量就会将调节阀的弹簧压紧并堵住出水阀，不让水更多地进入水盘。当珍珠鸡饮水而使水盘内的水重量变小时弹簧弹起，出水阀打开，继续向水盘内加水。

图80　普拉松饮水器

3）乳头式饮水器（图81）　该设备用毛细管原理，使阀杆底部经常保持挂有一滴水，当鸡啄水滴时便触动阀杆顶开阀门，水便自动流出供其饮用。平时则靠供水系统对阀体顶部的压力，使阀体紧压在阀座上防止漏水。乳头式饮水设备适用于笼养和平养鸡舍，给成鸡或两周龄以上雏鸡供水。要求配有适当的水压和纯净的水源，使饮水器能正常供水。

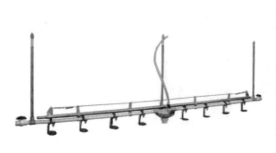

图81　乳头式饮水器

（4）喂饲设备

1）料桶（图82）　适宜于平养方式。料桶由桶体（底呈锥形）、食盘、调节板和弹性销组成。弹性销插入调节板孔后，桶体底边与食盘间即留有一定的流料间隙。人工将饲料加入料筒，靠饲料重力和鸡采食时触碰料桶所引起的摆动，使饲料从流料间隙不断流出，供鸡自由采食。当弹性销插入最上面的孔时，流料间隙小，饲料流出量小，适用于雏鸡采食。当弹性销插入最下面的孔时，流料间隙大，饲料容易流出，适用于育成鸡。料桶可放在地面上，也可以吊挂起来，根据鸡日龄的大小随时调节其高度。

图82　料桶

2）螺旋推进式自动喂料系统（图83）　该系统的工作原理是通过驱动系统的传送轴带动螺旋绞动料管转动进而把饲料均匀传送到各个料盘中，末端由料位感应器控制整条系统的启动闭合，进而实现养鸡喂料的自动化、集约化，既减少了人工喂料的麻烦，也减少了人工喂料不均匀而导致珍珠鸡生长缓慢的现象。

图83　螺旋推进式自动喂料系统

该系统的正确使用方法如下：

第一，定时、定次数进行上料，这要计算出每次上料的足够量，但又不要上料太多，需要经常算出每次打料量和调节料盘的定量器。按照鸡群的日龄采取正确喂料办法：5小时喂料一次，每天喂料4次，最后一次喂料让珍珠鸡采食时间为7小时，吃干净料盆里的料量，空料盘2小时左右。净料盘的目的是保持饲料营养均衡和饲料新鲜度，同时确保珍珠鸡的活动量，提高珍珠鸡的肺活量，增加珍珠鸡的活力。这项工作做好的话可有效防止后期死淘率的上升，空料盘就是为了增加珍珠鸡的活动量，进而增加珍珠鸡的肺活量，从而保证珍珠鸡群的健康，降低后期死淘率。其他饲养阶段每4小时打一次料，以刺激珍珠鸡多采食。

第二，调节喂料盘的定量器来控制每次上料的量；为了保证珍珠鸡在一定时间内把料吃完，要首先计算出大约每次上料的量，再算出每个料盘的料量，然后再调节喂料盘的定量器，以控制每次上料的量，以满足珍珠鸡本时间段的采食量。

第三，尽量减少饲料在空气中的暴露时间；舍外料箱内不存放饲料，在往舍内小料箱上料时，再一袋一袋倒料，以倒不进饲料为标准，不多倒料防止饲料受潮。填写当天报表以舍内小料箱上满料为准。

第四，采取有效措施确保珍珠鸡在舍内分布均匀。在舍内固定分栏，以防止舍内极端温度的情况下，造成鸡舍一端饲养密度过大。由于饲养密度偏大，会造成珍珠鸡采食位不足，进而影响到珍珠鸡的增重，使珍珠鸡偏小偏瘦。也就会造成部分料盘提前吃空，也使部分料位料的料总是吃不完，造成粉料过多。

第五，舍内料线下料盘要随着鸡龄增加而渐渐调高，调节的高度以不影响到珍珠鸡采食为宜，调节料线的料盘高度稳定到24日龄为宜，稳定后不再上调，等珍珠鸡群日龄到30日龄后再把料线调低，以料盘底离地面或网面5厘米以内为宜。

3）料槽（图84）是最常用的喂饲设备，既适用于笼养，又适宜于平养方式。笼养用的料槽，其矮边应紧贴鸡笼，高边朝外以防止鸡将饲料甩出。镀锌薄板制成的料槽，其槽口可用直径为2～3毫米的铁丝卷边，以增加其强度。平养时可在料槽上设置一条能滚动的圆棒，以防止鸡进入槽内弄脏和浪费饲料。

图 84　料槽

4）自动喂料机（图 85）　链板式自动喂料机是一种广泛用于建材工业的连续送料机械设备，利用这种设备可实现均匀送料，同时还能实现定量定比例给料。这种设备主要由机架、给料箱、送料链轮、链板、电机等部件组成。工作时电机驱动链轮，链轮带动链板转动，转动的链板再将给料箱内的物料均匀带出。是针对笼养蛋、种珍珠鸡的一种自动喂料设备，该机根据不同周龄的笼养珍珠鸡，采食量不一样，设计下料大小可调，通过行走与喂料定量比传动，实现自动喂料。

自动喂料机传动平稳，下料均匀，从而能保证整机均匀喂料。采用均匀喂料装置，通过喂养料管均匀地将饲料撒至料槽，避免人工喂料时撒落饲料，节约了饲料，而且节省人工。该机械是行车单次喂料，运行长度为 70 米。

行车式喂料机根据料箱的配置不同可分为顶料箱式和跨笼料箱式；根据动力配置不同可分为牵引式和自走式。顶料箱行车式喂料机只有一个料桶，设在鸡笼顶部，料箱容积要满足每次该列鸡笼所有鸡的采食量；料箱底部装有搅龙，当驱动部件工作时，搅龙随之转动，将饲料推送出料箱，沿滑管均匀流放食槽。

图 85　自动喂料机

跨笼料箱行车式喂料机根据鸡笼形式有不同的配置，但每列食槽上都跨坐一个矩形小料箱，料箱下部呈斜锥状，锥形扁口坐在食槽中，当驱动部件运转带动跨笼箱沿鸡笼移动时，饲料便沿锥面下滑落放食槽中，完成喂料作业。

（5）成年鸡笼（图86）　目前，使用最多的是3层全阶梯式。养鸡场户可以根据自己鸡舍的宽度决定选用全架或半架鸡笼，半架鸡笼是全架鸡笼的一侧，宽度比全架鸡笼的一半稍多一点。

2～3层全阶梯式全架鸡笼一般长为1.9米，宽为2.18米（下层两侧盛蛋网外缘之间距离为2.18米，两侧笼架支脚之间距离为1.9米），高为1.65米。不同企业加工的产品规格相差无几。质量方面要求网片点焊牢固、钢丝端部齐整，其伸出量小于1毫米，网片的镀锌层厚度大于0.02毫米；笼架表面平整，焊接牢固，镀锌层厚度大于0.03毫米；组装时笼架垂直放于地面，笼架与鸡笼条应平直，不得扭曲变形，底网载鸡后，除去承重后的永久变形量最大不超过4毫米。

图86　成年鸡笼

（6）栖架（图87）　专供珍珠鸡栖息的木架。常用的有立架和平架。立架用2根木棍钉上若干竹竿，斜倚墙壁即可，大小长短可依栏舍面积及饲养量而定。这种栖架制作简单，便于移动和清洗；平架的制作是将栖木制成长凳子形状摆在舍内，以便移动和翻转。无论立架还是平架均要求表面光滑，以免挂伤鸡脚。每根栖木宽5～8厘米，厚4～5厘米，每两根栖木的间距约40厘米。栖架最下面一根栖木距地面60～80厘米。要求最里面的栖木距墙30厘米。一般认为，每只珍珠鸡占有栖木长度应达15～20厘米。珍珠鸡上架栖息，能减轻潮湿地面对鸡只健康的影响，有利鸡骨骼肌肉的发育，避免龙骨弯曲的发生。

图87 栖架

（7）沙池或沙盆 是供珍珠鸡进行沙浴的设施。平养的珍珠鸡群，经自由沙浴的鸡的产蛋率和蛋重与同一饲养管理条件下不沙浴的鸡相比，要高出3%～5%。经常沙浴的鸡很少感染皮肤病和其他寄生虫病。种鸡用的沙池，可建于活动场内，每个沙池的宽约40厘米、深约30厘米、长约1米。根据鸡群的数量多少决定沙池数量，一般每100只鸡应有一个沙池。每7～10天用筛子清除杂物和粪便，消毒后循环使用，同时不断添加部分新沙。也可在沙中均匀地拌入些草木灰和硫黄粉，这样，可以在鸡沙浴的同时杀灭其体表寄生虫。也可以用较大一点的陶瓷盆，在其中装入半盆沙子供珍珠鸡沙浴，见图88。

图88 珍珠鸡沙浴

（8）风机 用于珍珠鸡舍的通风换气。

1）轴流风机（图89） 主要由外壳、叶片和电机组成，叶片直接安装在电机的转轴上。轴流风机风向与轴平行，具有风量大、耗能少、噪声低、结构简单、安装维修方便、运行可靠等特点，而且叶片可以逆转，以改变输送气流的方向，而风量和风压不变。因此，既可用于送风，也可用于排风，但风压衰减较快。目前鸡舍的纵向通风常用节能、大直径、低转速的轴流风机。

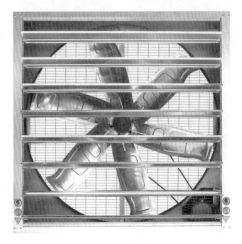

图89 轴流风机

2）离心风机（图90） 主要由蜗牛形外壳、工作轮和机座组成。这种风机工作时，空气从进风口进入风机，旋转的带叶片工作轮形成离心力将其压入外壳，然后再沿着外壳经出风口送入通风管。离心风机不具逆转性，但产生的压力较大，多用于畜舍热风和冷风的输送。

图90 离心风机

3）无动力风扇（图91） 一般安装在珍珠鸡舍屋顶，通过风扇的自主转动将舍内的污浊空气排出舍外。

图91 无动力风扇

4）吊扇（图92） 悬于顶棚或横梁上，将空气吹向鸡体使珍珠鸡附近气流速度增加，促进散热。一般作为自然通风珍珠鸡舍的辅助设备。安装位置和数量要视珍珠鸡舍情况而定。

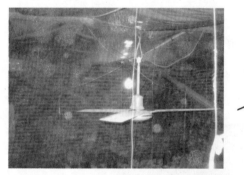
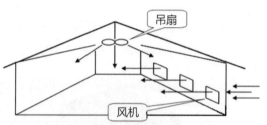

图92 鸡舍内的吊扇

（9）水帘 水帘已成为珍珠鸡场降温不可缺少的设备。水帘主要由高分子水帘纸组成，湿纸帘是一种特殊的产品，经过特殊处理，结构强度高，耐腐蚀，使用期达6年以上。湿帘装在密闭房舍一端山墙或侧墙上，风机装在另一端山墙或侧墙上，降温风机抽出室内空气，产生负压，迫使室外的空气流经多孔湿润湿帘表面，使空气中大量热量进行转化处理，从而使进入室内的空气降低10～15℃，并不断地送入珍珠鸡舍进行防暑降温。

水帘风机降温主要是利用水蒸发吸收热量这一原理来进行工作的，水帘降温的运作原理为循环水泵不间断地把接水盘内的水抽出，并通过布水系统在蜂窝状纤维纸表面形成水膜，当空气流过水帘时水分进行热量交换，通过水蒸发空气温度降低，凉爽的空气则由低噪声风机加压送入珍珠鸡舍，以此达到降温效果。使用费用是常规空调的1/3，既省费用又环保。

水帘风机是一种通风降温设备，需结合负压风机一起使用，降温效果才会更加明显。负压风机主要是利用空气对流、负压换气的降温原理，由安装地点的大门或窗户自然吸入新鲜空气，将室内闷热气体迅速强制排到室外。而水帘风机降温系统是由纸质多孔湿帘、水循环系统、风扇组成。未饱和的空气流经多孔、湿润的湿帘表面时，大量水分蒸发，空气中由温度体现的显热转化为蒸发潜热，从而空气自身的温度降低。风扇抽风时将经过湿帘降温的冷空气源源不断地引进舍内，从而达到降温效果，见图93。

图93　安装湿帘的鸡舍

（10）灯泡　灯泡是珍珠鸡舍照明用具，目前使用较多的是白炽灯（功率一般为3～40瓦），也有一部分场使用LED灯。

（11）卫生防疫设备

1）清粪设备　阶梯式笼养珍珠鸡通常在鸡笼下面要安装自动清粪设备，包括刮板式清粪机和传送带式清粪系统两种。一般的珍珠鸡场还要配备专用的清粪车。

2）冲洗消毒设备　通常采用高压冲洗机，用于对空鸡舍的地面、墙壁和屋顶的冲洗；用于各种较大型设备的冲洗；用于车辆的冲洗；用于道路的冲洗。如果在其水箱内加入适量的消毒剂，则在冲洗的同时就可以进行化学消毒。

3）病死鸡无害化处理设备　目前在有的珍珠鸡场使用的是埋尸井，其深约5米，直径约1.5米，井口高出地面0.7米；井口带有密封盖，井盖平常要盖严。当珍珠鸡场内出现个别因病死亡的珍珠鸡时，将其检查后丢进井内，并定期向井内洒消毒药。有的珍珠鸡场有焚尸炉，每天集中将病死珍珠鸡焚烧。

（12）其他设备

1）抓鸡网　为一个长柄网兜，柄一般用不锈钢管或木棍、竹竿制作，前面固定一个直径约45厘米的金属圆环，在金属圆环上绑有圆柱状网兜。在采用平养方式的鸡场用于捕捉珍珠鸟。

2）蛋筐　用于盛放珍珠鸟蛋的塑料容器，一般一个塑料筐可以盛重约16.5千克。

专题六
珍珠鸡的饲料配制

专题提示

　　饲养珍珠鸡可以使用一些原粮，更多使用的是配合饲料。可以使用的原粮或用于配制配合饲料的各种原料，按照其营养特点分为5大类。

一、常用的饲料原料

1. 谷物与豆类

玉　米

　　玉米是珍珠鸡养殖过程中使用最多的饲料原料。成年珍珠鸡放养期间如果进行补饲可以少量整粒饲喂；生产中一般是把玉米粉碎后用于配制全价配合饲料，其用量可以占50%～70%。

　　玉米的代谢能为14.06兆焦／千克，高者可达15.06兆焦／千克，是谷实类饲料中最高的。这主要由于玉米中粗纤维很少，仅2%；而无氮浸出物高达72%，且消化率可达90%。玉米的粗脂肪含量高，达3.5%～4.5%，脂肪中约有一半为亚油酸。玉米的蛋白质含量约为8.6%，且氨基酸不平衡，赖氨酸、色氨酸和蛋氨酸的含量不足。黄玉米中所含叶黄素平均为22毫克／千克，这是黄玉米的特点之一，它对珍珠鸡蛋黄、胫、爪等部位着色有重要意义。

使用玉米要注意检查其含水量（含水量高的玉米用牙咬的时候感觉不脆），含水量高不仅不宜储存而且会降低其营养价值；注意检查有无发霉现象，发霉的玉米不能使用，否则会影响珍珠鸡的健康；检查其杂质的含量。

小　麦

小麦可以作为补饲用的原粮，也可以在玉米价格偏高的时候替代部分玉米配制配合饲料，用量在 10%～35%。

小麦中粗蛋白质含量在 12%～14%。小麦含有多种氨基酸，尤其是赖氨酸的含量高。小麦中粗脂肪的含量比玉米低，且亚油酸的含量也远低于玉米。小麦中含有一定数量的非淀粉多糖，主要包括纤维素、戊聚糖、混合链葡聚糖、果胶多糖、甘露聚糖、阿拉伯聚糖、半乳聚糖和木葡聚糖等。非淀粉多糖分为可溶性和不溶性两类，不溶性成分主要是纤维素和木质素，对小麦营养价值影响不大；水溶性成分主要是戊聚糖，被认为是小麦中的主要抗营养因子，其抗营养作用主要与其黏性及对消化道生理、形态和微生物区系的影响有关。如果饲料中小麦的用量超过 20% 就需要在配合饲料中添加专用的酶制剂以消除小麦中非淀粉多糖的抗营养作用。

小麦质量主要从是否感染霉菌、颗粒是否完整、杂质含量高低等指标来衡量。

绿 豆

由于绿豆价格高不能大量使用，可以在放养的珍珠鸡养殖中作为补饲的原粮适量使用。绿豆具有清热解毒、抗菌抑菌作用，尤其是在春季使用有助于保持珍珠鸡群良好的健康状态。

绿豆中的粗蛋白质含量约为24%，碳水化合物含量55.6%，粗脂肪含量0.8%。

碎大米

在南方大米主产区加工稻米的过程中产生的一些碎米，其商品价值较低，可以作为放养珍珠鸡补饲用的原粮，也可以替代部分玉米配制配合饲料，用量占15%～40%。

碎大米中的粗蛋白质含量约为7.4%，碳水化合物含量77.6%，粗脂肪含量0.8%，含丰富的B族维生素。

小 米

小米通常用于小规模养殖场内育雏阶段珍珠鸡的饲料，既可以作为开食料（用开水浸烫10分后用凉水浸泡，捞出晾干水分，拌入复合维生素添加剂、揉碎的熟蛋黄使用），也可以作为配合饲料的组成成分。

小米中的粗蛋白质含量约为8.8%，碳水化合物含量76.7%，粗脂肪含量1.2%，含丰富的维生素E和钾，叶黄素的含量也较多。

豌 豆

同样，由于豌豆量少、价高，在放养珍珠鸡生产中只作为补饲的原粮使用。豌豆中的粗蛋白质含量约为20.3%，碳水化合物含量55.4%，粗脂肪含量1.1%。

大 豆

在商品珍珠鸡育肥期间可以使用全脂大豆作为配合饲料原料，也可以作为补饲用的原粮。大豆的营养价值很高，代谢能约15.55兆焦／千克，蛋白质含量约35%，脂肪16%，碳水化合物42%，钙36.7毫克，磷57.1毫克，铁11毫克，胡萝卜素0.4毫克，硫胺素0.79毫克，核黄素0.25毫克，烟酸2.1毫克。

全脂大豆使用前需要经过高温处理，如膨化、高温挤压等，以破坏其中所含的抗营养因子（如胰蛋白酶抑制因子和胰凝乳蛋白酶抑制因子、凝集素等）。

2. 农副产品

麸　皮

麸皮是小麦加工面粉过程中产生的副产品，主要成分为小麦种皮以及少量的小麦淀粉。其能量水平不高，一般只在珍珠鸡配合饲料中适量使用，其用量在 5%～15%。麸皮中的蛋白质含量约 15%，脂肪 4%，碳水化合物 30%，粗纤维也较高，一般在 8.5%～12%。

豆　粕

豆粕是重要的蛋白质饲料原料，是大豆加工油脂的副产品，是珍珠鸡配合饲料中主要的蛋白质来源。纯豆粕呈不规则碎片状，浅黄色到淡褐色，色泽一致，偶有少量结块，闻起来有豆粕固有豆香味。在配合饲料中可以占 15%～25%。豆粕的主要成分为：蛋白质 40%～48%，赖氨酸 2.5%～3.0%，色氨酸 0.6%～0.7%，蛋氨酸 0.5%～0.7%。在加工过程中经过高温处理后能够破坏其中所含的抗营养因子。

在有的加工厂榨油前对大豆进行脱皮处理，所获得的豆粕蛋白质含量和能量水平更高。

棉 仁 粕

　　棉仁粕是棉籽脱去外壳后的棉仁加工油脂的副产品，棉仁粕粗蛋白质含量为34%～42%，粗纤维含量为9%～16%，粗灰分含量低于9%。浸提处理后棉仁粕含粗脂肪低，在2.5%以下。其营养指标的差异取决于制油前的去壳程度、出油率以及加工工艺等。棉仁饼（粕）蛋白质组成不太理想，精氨酸含量高达3.6%～3.8%，而赖氨酸含量仅有1.3%～1.5%，只有大豆饼（粕）的1/2。蛋氨酸也不足，约0.4%。在配合饲料中可以占3%～7%。棉籽中含有对动物有害的棉酚及环丙烯脂肪酸，尤其是棉酚，危害很大。如果使用量大，其中的游离棉酚会对珍珠鸡，尤其是雏鸡和产蛋期的种珍珠鸡产生毒性。

菜 籽 粕

　　菜籽粕是油菜籽加工油脂的副产品，外观为黄色或浅褐色碎片或粗粉状，具有菜籽油香味，无发酵、霉变及异味异臭。在配合饲料中可以占3%～7%。粗蛋白质≥37%，粗纤维＜14.0%，粗灰分＜8.0%；其蛋白质中含硫氨基酸含量高，蛋氨酸、赖氨酸含量也较高，但低于豆粕，且精氨酸含量低。菜籽粕的碳水化合物多是不易消化的戊糖，含有8%戊聚糖，粗纤维含量10%～12%，因此可利用能量水平低。

　　菜籽粕含有较多有毒有害物质，如异硫氰酸酯、硫氰酸酯、噁唑烷硫酮、腈、芥子碱、单宁、植酸等物质，不但影响日粮适口性、影响其他营养物质利用，还可引起动物甲状腺肿大，抑制动物生长。如果使用量大，其中的有害成分会对珍珠鸡产生毒性。

花 生 粕

　　花生粕是花生仁加工油脂的副产品，花生粕淡褐色或深褐色，有淡花生香味，形状为小块或粉状，在配合饲料中可以占 5%～8%。花生粕的营养价值较高，其代谢能是粕类饲料中最高的，粗蛋白质含量接近大豆粕，高达 48%以上，精氨酸含量高达 5.2%，是所有动、植物饲料中最高的。赖氨酸含量只有大豆饼粕的 50%左右，蛋氨酸、赖氨酸、苏氨酸含量都较低。花生粕营养成分含量随着粕中含壳量多少而有差异，含壳量越多，粕的粗蛋白质及有效能值越低。使用过程中要注意检查是否存在发霉现象，因为花生容易被黄曲霉污染，被污染的花生饼不能使用。

DDGS

　　DDGS 是利用玉米生产燃料乙醇的副产品，名称为干酒糟及其可溶物，外观为黄褐至深褐色，烘干温度高，颜色深，可溶物含量高；有发酵的气味，含有机酸，口感有微酸味。在配合饲料中可以占 5%～8%。

　　DDGS 中的粗蛋白质含量约为 22%，B 族维生素，尤其是烟酸、维生素 B_2、叶酸的含量也远高于玉米；粗脂肪变化范围为 8.2%～11.7%。

3. 青粗饲料

野草

　　包括农田、路旁、林间、荒地等处生长的各种草，在放养珍珠鸡生产中既可以让鸡群自己采食放养场地中的野草，也可以收集野草放入放养场地让鸡群采食。野草的营养价值差异较大，使用时宜选用鲜嫩的野草，最好是多种野草混合使用以起到营养互补的效果。需要注意的是不能使用有毒的野草、喷施过农药的野草等。

　　放牧地的野草可以让珍珠鸡自由采食，如果是收集的野草在使用前要适当晾一会儿，尽量不要带露水。可以将野草放到草架上让珍珠鸡采食，以保持草的干净；也可以切碎后与精饲料拌匀后放到料槽或料盆内喂饲。

牧草

　　牧草是人工种植的产量较高、营养价值较高的青草，常见的有苜蓿、三叶草、串叶松香草、黑麦草、菊苣等。对于平养和放养珍珠鸡场可以利用场内和附近的空闲场地种植牧草用于喂饲鸡群。其使用方法与野草相同。

青 菜

　　所有的蔬菜以及不作为食用而又没有腐烂的蔬菜下脚料都可以作为饲养珍珠鸡的青饲料。有的地方在秋季专门种植一些越冬青菜如小白菜、油菜、上海青、小青菜等作为冬季和早春珍珠鸡补饲青饲料之用。

禾 苗

　　有的珍珠鸡养殖场为了能够保证青饲料的供应，常常在放养场地或场内空闲场地中播撒一些麦子、豆子等以代替牧草，当这些作物生长到一定时期后让鸡群自由采食或刈割后喂饲鸡群。

秧蔓类

　　秧蔓类包括花生秧、红薯秧、豆秧等，在作物收获后把这些秧蔓收集起来搭在晾晒架上晾干，粉碎后可以作为饲料的原料使用。秧蔓粉如果经过微生物发酵处理，其营养水平会有明显改善。

4. 动物性蛋白质饲料

　　珍珠鸡饲料中常用的动物性蛋白质饲料主要包括鱼粉、肉粉、肉骨粉和蚕蛹粉，此外还有人工培育的虫子或诱捕的昆虫等。

鱼 粉

　　鱼粉是用一种或多种鱼类为原料，经去油、脱水、粉碎加工后的高蛋白质饲料。

　　鱼粉的主要营养特点是蛋白质含量高，一般脱脂全鱼粉的粗蛋白质含量高达60%以上。氨基酸组成齐全、平衡，尤其是主要氨基酸与鸡体组织氨基酸组成基本一致。钙、磷含量高，比例适宜。微量元素中碘、硒含量高。富含维生素 B_{12}、脂溶性维生素 A、维生素 D、维生素 E 和未知生长因子。

　　因鱼粉中不饱和脂肪酸含量较高并具有鱼腥味，故在鸡饲粮中使用量不可过多，如果使用鱼粉过多可导致禽肉、蛋产生鱼腥味，加上其价格高，在珍珠鸡饲粮中用量应控制在3%～5%。

肉骨粉

　　肉骨粉是以动物屠宰后不宜食用的下脚料、碎肉、内脏、杂骨等为原料，经高温消毒、干燥粉碎制成的粉状饲料。

　　因原料组成和肉、骨的比例不同，肉骨粉的质量差异较大，粗蛋白质20%～50%、赖氨酸1%～3%、含硫氨基酸3%～6%、色氨酸低于0.5%；粗灰分26%～40%、钙7%～10%、磷3.8%～5.0%，是动物良好的钙磷供源；脂肪8%～18%；维生素 B_{12}、烟酸、胆碱含量丰富，维生素 A、维生素 D 含量较少。

　　肉骨粉的原料很易感染沙门菌，在加工处理畜禽副产品过程中，要进行严格的消毒。肉粉或肉骨粉在配合饲料中用量应控制在3%～5%。

血 粉

　　血粉是以畜、禽血液为原料，经脱水加工而成的粉状动物性蛋白质补充饲料。利用全血生产血粉的方法主要有喷雾干燥法、蒸煮法和晾晒法。

　　血粉干物质中粗蛋白质含量一般在80％以上，赖氨酸含量居天然饲料之首，达6％～9％，但缺乏异亮氨酸、蛋氨酸，总的氨基酸组成非常不平衡。

　　血粉适口性差，并具黏性，过量添加易引起腹泻，因此饲粮中血粉的添加量不宜过高。一般珍珠鸡饲料中用量应小于3％。

蚕 蛹 粉

　　蚕蛹中含有60％以上的粗蛋白质，必需氨基酸组成好，与鱼粉相当，不仅富含赖氨酸，而且硫氨酸、色氨酸含量也高，约比鱼粉高出1倍。未脱脂蚕蛹的有效能值与鱼粉的有效能值近似，是一种高能量、高蛋白质饲料，既可用作蛋白质补充料又可提高饲料能量水平。在配合饲料中用量不应超过5％。

　　蚕蛹脂肪中不饱和脂肪酸含量较高，富含亚油酸和亚麻酸，但不宜储存。陈旧不新鲜的蚕蛹呈白色或褐色。蚕蛹可以鲜喂，或脱脂后做饲料。蚕蛹含有几丁质，不易消化，其含量可通过测定"粗纤维"的方法检测出来，若粗纤维含量过多为混有异物。

采用人工育虫喂珍珠鸡成本低，可就地取材，充分利用废料，是解决当前缺少动物性蛋白质饲料的有效方法。昆虫体内的蛋白质和脂肪含量十分丰富，是一种营养价值极高的优良饲料。与一般的珍珠鸡饲料相比，用昆虫做饲料喂珍珠鸡，可使肉鸡增重速度提高 25%，蛋珍珠鸡产蛋量提高 30%～35%，蛋重增加 20%。更重要的是，用昆虫饲料饲养的珍珠鸡肉质特别鲜美，而其饲养成本可降低 30%～40%，市场售价要高出一般的商品珍珠鸡许多，所以用昆虫养珍珠鸡是一条提高养殖珍珠鸡效益的好途径。

人工育虫技术大多采用废弃物做基料，如稻草、树叶、人畜粪、豆渣等，成本极低，育虫量多，时间短，技术简单，有以下方法：

1）稀粥育虫法　选三小块地轮流在地上泼稀粥，然后用草等盖好，2 天可生出小虫子，轮流让珍珠鸡去吃虫子即可。注意防雨淋、防水浸。

2）稻草育虫法　将稻草铡成 3～7 厘米长的碎草段，加水煮沸 1～2 小时，埋入事先挖好的长 100 厘米、宽 67 厘米、深 33 厘米的土坑，盖上 6～7 厘米厚的污泥，然后用稀泥封平。每天浇水，保持湿润，8～10 天便可生出虫蛆。扒开草穴，供珍珠鸡自由觅食。一个这样的土坑，育出的虫蛆，可供 10 只小鸡吃 2～3 天。此法可根据鸡群的数量，来决定挖坑的多少。虫蛆被吃完后，再盖上污泥继续育虫。

3）秸秆育虫法　在能避开阳光的湿润地方，挖一个深 1 米的地坑。装料时，先在底部铺上一层瓜果皮或植物秸秆、杂草或其他垃圾，随即浇上一层人粪尿（湿润为宜），然后盖上一层约 33 厘米厚的垃圾，浇上一些水，最后再堆放上各种垃圾，直到略高于地面，用泥土把它封闭，时常浇上一些淘米水（不要过湿），两周后开坑，里面就会长出许多虫子。

4）树叶、鲜草育虫法　此法用鲜草或树叶 80%、米糠 20%，混合后拌匀，并加入少量水煮熟，倒入瓦缸或池子，经 5～7 天后，便能育出大量虫蛆，驱鸡啄食。

5）鸡粪育虫法　将鸡粪晒干、捣碎后混入少量米糠、麦麸，再与稀泥拌匀并堆成堆，用稻草或杂草盖平。堆顶做成凹形，每日浇污水1～2次，半个月左右便可出现大量的小虫，然后驱鸡觅食。虫被吃完后，将堆堆好，几天后又能生虫喂鸡。如此循环，每堆能生虫多次。

6）牛粪育虫法　将牛粪晒干、捣碎，混入少量米糠、麸皮，用稀泥拌匀，堆成直径100～170厘米、高100厘米的圆堆，用草帘或乱草盖严，每日浇水2～3次，使堆内保持半干半湿状态。经15天左右，便可生出大量虫蛆，翻开草帘，驱鸡啄食。虫被吃完后，再如法堆起牛粪，2～3天后又会育出许多虫蛆，继续喂鸡。

7）豆腐渣育虫法　将豆腐渣1～1.5千克，直接置于水缸中，加入淘米水或米饭水1桶，晾1～2天再盖缸盖，经5～7天便可育出虫蛆，把虫捞出洗净喂鸡。虫蛆吃完后，再添些豆腐渣，继续育虫喂鸡。如果用6个缸轮流育虫，可供50～60只小鸡食用。

8）酒糟、麸皮育虫法　选择潮湿的地方，根据料的多少，挖一个深30厘米左右的土坑，在坑底上铺一层碎稻草，然后把碎稻草或麦秆、玉米秸秆制成5～6厘米长，并加入杂草，再掺入麸皮、酒糟，浇水拌匀，置于缸内，最后用土盖实盖严。在气温30℃以上时，15天左右便可生虫喂鸡。

9）培育蝇蛆　分别设置种蝇房和育蛆房，以拌湿的麸皮等做培养基，将种蝇产卵后的培养基移入育蛆房后，在合适的温湿度条件下孵化和育蛆。

5. 矿物质饲料

石粉或贝壳粉

石粉是石灰石经过粉碎后制成的，贝壳粉则是把贝壳粉碎后制成的。它们的主要成分是碳酸钙，钙的含量在35%左右。在雏珍珠鸡和青年珍珠鸡配合饲料中可占1%左右，在产蛋期珍珠鸡的配合饲料中可占7%左右。

骨粉或磷酸氢钙

骨粉或磷酸氢钙是以提供磷为主兼顾提供钙的饲料，其中磷的含量约 15%，钙约 21%。在配合饲料中的用量一般为 0.5%～1.0%。

氯 化 钠

氯化钠具有维持体液渗透压和酸碱平衡的作用，还可刺激唾液分泌，提高饲料适口性，增强动物食欲，具有调味剂的作用。配合饲料中的添加量为 0.35%左右。

6. 饲料添加剂

（1）营养性添加剂　营养性饲料添加剂是指为补充饲料营养成分而掺入饲料中的少量或者微量物质，包括饲料级氨基酸、维生素、矿物质微量元素等。

（2）保健型饲料添加剂　这类添加剂的使用目的在于提高珍珠鸡的免疫机能，增强抗病能力，减少抗生素的使用。是绿色禽类产品生产的重要添加剂。

（3）酶制剂　是从微生物发酵产物中提取的具有助消化作用的一类物质，能够显著提高饲料利用率。

（4）其他添加剂　包括饲料酸化剂、甜味剂、脱霉剂、抗氧化剂、食用色素等，可以根据具体情况决定是否添加。

二、饲料配制

1. 珍珠鸡的营养需要

珍珠鸡的营养需要尚缺乏统一的标准，主要是参考企业生产过程中一些经验，不同时期珍珠鸡的营养需要可以参考表 2。

表 2　珍珠鸡的营养需要参考数据

营养指标	0～3周龄	4～8周龄	育肥期 （9～13周龄）	育成期 （9～24周龄）	产蛋期
代谢能（兆焦/千克）	11.96	11.37	12.12	11.25	11.46
粗蛋白质（％）	23	21	18	16	19
钙（％）	1.2	1.0	1.0	1.0	2.7
有效磷（％）	0.5	0.45	0.4	0.4	0.5

由于珍珠鸡的饲养方式不同、生产性能不同，乃至所处的饲养季节不同，对饲料营养的要求也存在差异。上表所提供数据可以作为笼养或舍饲珍珠鸡的配合饲料参考标准，也可以作为放养珍珠鸡补饲用配合饲料的配制参考标准。

2. 商品饲料类型

大多数珍珠鸡养殖场是从市场购买预混合饲料，然后自己再按照比例添加常规的饲料原料配制全价饲料；也有购买浓缩饲料或全价饲料的。

（1）预混合饲料　简称预混料，指由一种或多种的添加剂原料（或单体）与载体或稀释剂搅拌均匀的混合物，又称添加剂预混合饲料或预混合饲料。主要含有矿物质、维生素、氨基酸、促生长剂、抗氧化剂、防霉剂、着色剂等，是配合饲料的半成品，预混合饲料不能直接饲喂动物。

一些小型饲料厂或中型养殖场常常购买预混料后再进一步配制全价料。预混合饲料在全价料中的添加量为1％～10％。

（2）浓缩饲料　是由蛋白原料和添加剂预混而成，饲喂时需补加能量料（浓缩料＝预混合饲料＋蛋白饲料）。这种饲料一般情况下购买后于使用前按照比例添加能量类饲料原料（包括玉米或小麦、碎米、麸皮等）混匀即可使用。珍珠鸡的预混合饲料常见的包装为40千克，在全价料中所占比例大多数为40％。个别产品在全价料中所占比例为25％～35％。

（3）全价饲料　营养成分完全、能直接用于饲喂饲养对象、能够全面满足饲喂动物各种营养需要的配合饲料，叫作全价饲料。该饲料内含有能量、蛋白质和矿物质饲料以及各种饲料添加剂等，各种营养物质种类齐全、数量充足、比例恰当，能满足饲喂动物生产需要，可直接用于生产，一般不必再补充任何饲料。全价配合饲料也称全日粮配合饲料。它能直接用于饲喂饲养对象，能全面满足饲喂对象除水分外的营养需要。

3. 饲料调制

珍珠鸡配合饲料的加工需要了解各种饲料原料的大体使用比例，由于不同阶段珍珠鸡的营养需要差异较大，饲料原料的使用比例也存在一定的差异。一般在珍珠鸡配合饲料中各种原料所占比例为：谷物类占45%～70%、糠麸类占5%～15%、动物类占5%～10%、矿物质类占2%～7%、添加剂类占0.5%～1%。

在使用资料中提供的饲料配方时，要根据具体情况决定是否需要进行调整。因为，资料中介绍的饲料配方所使用的各种原料的营养成分是以中华人民共和国家禽饲养标准中所提供的各种原料营养数据位依据的，如果使用的原料质量不符合相关标准则所配制出的饲料营养水平会与标准有出入，使用效果有可能不理想。

(1) 雏珍珠鸡饲料配方　雏珍珠鸡的饲料要求是营养浓度要高、饲料原料的消化率高、颗粒大小适中，以便于采食。

在雏珠鸡配合饲料中各种原料所占比例为：谷物类占60%～68%、糠麸类占0～5%、植物蛋白质原料占25%～28%、动物类原料占2%～4%、矿物质类占1%～1.5%、氯化钠0.35%、添加剂类占0.5%～1%。

这里提供的几个参考饲料配方中，配方一和配方二适用于0～3周龄阶段的雏珍珠鸡，配方三和配方四适用于4～8周龄的雏珍珠鸡。

配方一：玉米55%、麦麸2%、豆饼31%、鱼粉10%、骨粉1.1%、氯化钠0.3%，微量元素、多种维生素、氨基酸、促生长素等添加剂0.6%。

配方二：玉米53%、膨化大豆粉18%、豆粕14%、菜籽粕3%、麦麸2%、鱼粉7%、骨粉或磷酸氢钙1.2%、石粉或贝壳粉0.5%、氯化钠0.3%、添加剂1%。

配方三：玉米58%、小麦5%、豆粕22%、花生饼2.4%、鱼粉4%、肉骨粉3%、麸皮3%、骨粉或磷酸氢钙1.0%、石粉或贝壳粉0.3%、氯化钠0.3%、添加剂1%。

配方四：玉米60%、膨化大豆粉10%、豆粕15%、花生饼3.4%、鱼粉3%、肉骨粉3%、麸皮3%、骨粉或磷酸氢钙1.0%、石粉或贝壳粉0.3%、氯化钠0.3%、添加剂1%。

（2）育肥期饲料配方　这个阶段是8～13周龄，需要对商品珍珠鸡进行催肥，促进其体重的增长。要求饲料中的能量水平较高。

在育肥期珍珠鸡配合饲料中各种原料所占比例为：谷物类占60%～68%、糠麸类占0～5%、植物蛋白质原料占20%～24%、动物类原料占1%～3%、矿物质类占1%～1.5%、氯化钠0.35%、添加剂类占0.5%～1%。

配方一：玉米62.4%、膨化大豆粉12%、豆粕15%、鱼粉2%、肉骨粉3%、麸皮3%、骨粉或磷酸氢钙1.0%、石粉或贝壳粉0.3%、氯化钠0.3%、添加剂1%。

配方二：玉米61%、花生饼5%、豆粕18%、菜籽粕3.4%、鱼粉3%、肉骨粉3%、油脂1%、麸皮3%、骨粉或磷酸氢钙1.0%、石粉或贝壳粉0.3%、氯化钠0.3%、添加剂1%。

（3）育成期种用珍珠鸡饲料配方　育成期种用珍珠鸡是指处于9～24周龄阶段的珍珠鸡，这个阶段不要求鸡生长速度太快，更多的是要求各种生理机能趋于完善，饲料的营养水平要求也不高。

在育成期种用珍珠鸡配合饲料中各种原料所占比例为：谷物类占63%～68%、糠麸类占4%～9%、植物蛋白质原料占20%～22%、动物类原料占0～2%、矿物质类占1%～1.5%、氯化钠0.35%、添加剂类占0.5%～1%。

配方一：玉米66%、豆粕15%、棉仁粕4%、菜籽粕3.4%、肉骨粉3%、麸皮6%、骨粉或磷酸氢钙1.0%、石粉或贝壳粉0.3%、氯化钠0.3%、添加剂1%。

配方二：玉米50%、小麦15%、花生饼5%、豆粕13%、菜籽粕3.4%、棉仁粕4%、肉骨粉3%、麸皮4%、磷酸氢钙1.0%、石粉或贝壳粉0.3%、氯化钠0.3%、添加剂1%。

（4）产蛋期饲料配方　要求有较高的蛋白质和钙含量。在育成期种用珍珠鸡配合饲料中各种原料所占比例为：谷物类占60%～65%、糠麸类占1%～4%、植物蛋白质原料占22%～25%、动物类原料占0～2%、矿物质类占6.5%～7.5%、氯化钠0.35%、添加剂类占0.5%～1%。

配方一：玉米66%、豆粕15%、棉仁粕4%、菜籽粕3.7%、鱼粉3%、骨粉或磷酸氢钙0.5%、石粉或贝壳粉6.5%、氯化钠0.3%、添加剂1%。

配方二：玉米50%、碎大米13%、花生饼5%、豆粕13%、菜籽粕3.7%、棉仁粕4%、鱼粉3%、骨粉或磷酸氢钙0.5%、石粉或贝壳粉6.5%、氯化钠0.3%、添加剂1%。

配方三：玉米50%、碎小麦14.7%、花生饼5%、豆粕13%、菜籽粕3%、棉仁粕3%、鱼粉3%、骨粉或磷酸氢钙0.5%、石粉或贝壳粉6.5%、氯化钠0.3%、添加剂1%。

专题七
种用珍珠鸡的饲养管理

专题提示

　　种用珍珠鸡生产的目的在于向市场提供商品代珍珠鸡苗供商品珍珠鸡养殖场(户)饲养。种用珍珠鸡场的生产目的在于提高鸡群的健康水平、提高种蛋的产量和种蛋受精率及孵化率、提高后代鸡苗的生长速度和健康水平。

　　生产中通常将种用珍珠鸡的饲养阶段划分为3个大的阶段或5个阶段，即育雏期、育成期（包含育成前期和育成后期）和繁殖期（繁殖高峰期和繁殖后期）。各阶段鸡群的生理特点不同，饲养管理目标不一样，对饲料和环境条件的要求也不一样。

一、育雏期饲养管理

　　刚出壳的珍珠鸡雏，体小娇嫩，自身体温调节机能不完善，消化机能弱，对外界环境的适应性差，对各种疾病的抵抗力也弱，如饲养管理稍有疏漏，极易造成终身不可弥补的伤害。所以，育雏期是珍珠鸡最重要的生长发育阶段，此阶段珍珠鸡需要得到精心细致的饲养管理，特别是0～3周龄的育雏管理，对后期的生长发育和成活率有很重要的影响，而且影响以后生产性能的发挥。雏珍珠鸡的育雏期是指8周龄之前的阶段。

　　1. 雏珍珠鸡的生理特点

　　（1）体重小、适应性差　　刚出壳的雏珍珠鸡（图94）体重为25～33克，体质较弱，对环境的适应性较差。如果饲养管理和卫生防疫工作做得不周到就可能导致雏鸡发病和伤亡。

图94　珍珠鸡幼雏

（2）对保温的要求高　雏珍珠鸡个体小、自身产热少、绒毛的保温性能差，需要有较高的外环境温度。如果环境温度低，雏珍珠鸡会挤堆，健康容易出问题，生长速度会下降。

（3）胆小易受惊　珍珠鸡的驯化程度还较低，雏珍珠鸡胆小怕人，如果有陌生人、其他动物靠近或有突然的异常声响，常常会因受惊吓而奔窜或挤堆，容易受外伤。受惊吓后也给管理带来困难。

（4）消化能力差　雏珍珠鸡对饲料的物理消化、化学消化能力都不健全，难以把大颗粒的饲料研磨成碎粉状，消化酶的分泌量和活性都不如青年珍珠鸡和成年珍珠鸡。如果饲料形状大小不合适或饲料质量低劣，则影响其消化效率。雏珍珠鸡的消化道容积小、肠道短，每次的采食量少，饲料在消化道内的存留时间短。

（5）自我防卫能力差　老鼠、蛇、狗、猫以及猛禽都会对雏珍珠鸡造成伤害。

（6）印记行为　雏珍珠鸡对于最初接触到的场所环境、用具和饲养人员都会产生印记，这也是雏珍珠鸡熟悉生活环境条件的生理基础。一旦改变环境条件和饲养人员，打破雏珍珠鸡的印记，则会造成应激，珍珠鸡需要一段时间适应新的环境条件。

2. 雏珍珠鸡的饲养方式

人工育雏一般有地面散养、地板网平面饲养和笼养等几种饲养方式，实际生产中要根据自身条件，灵活选择。

地面散养时（图95），冬春季应铺以厚度为5～7厘米的垫草，夏季地面铺沙土再加薄薄的一层垫草；垫草要求清洁、干燥、无霉变，并最好铡成约10厘米长；垫草经一次育雏后应清出舍外与粪便一起堆肥，不能再次使用。

开放式珍珠鸡舍饲养密度：1周龄30只/米^2，2周龄20只/米^2，3周龄12只/米^2，4～8周龄9只/米^2。采用厚垫料（厚10～15厘米）平面饲养。

图95　地面平养育雏

采用地板网平面饲养时（图96），网面可以用铁丝或木、竹制成；网的间距要适宜，一般网上平养的网箱规格长200厘米、宽100厘米、高30厘米，底网网眼1厘米×1厘米，每箱育雏150只，配置2个饮水器，3个食槽(50厘米长)。整个网面以活动的为好，以便鸡群转出后，可揭开网面清除粪便和清扫鸡舍。

地面散养和地板网平面饲养都属于平面育雏，要按鸡的数量配备并均匀放置水槽及食槽，一般是在栏舍内围成小圈，地上铺厚约3厘米的垫料，用保温伞或红外线灯（250瓦）保温。一般每个保温伞可保育雏鸡300只（伞直径100厘米）。每只红外灯可保育雏鸡100只。

笼养（图97）适宜在房舍面积小、用电较方便的地方，可采用叠层式电热育雏笼育雏，每笼4层，共可育雏1 200～1 600只。也可采用立体笼育雏，立体笼育雏就是用分层育雏笼进行育雏，这种育雏方法的优点是能更经济、更

图96　网上平养育雏

有效地利用禽舍和热能。分层育雏笼一般为3～5层，采用叠层式排列。笼内热源可用电热丝或热水管供给。

图97　珍珠鸡的笼养育雏

不管采用何种育雏方式，均要配备并均匀放置水槽和食槽。

3. 育雏前的准备

（1）育雏室的准备　首先是拟订育雏计划，包括确定育雏管理人员，各批雏鸡的只数、育雏时间、雏鸡来源、饲料和垫料的数量、免疫计划及具体的操作规程。做好育雏舍和育雏用具的准备。

其次要把好消毒关，为预防雏珍珠鸡感染疾病，在雏珍珠鸡进鸡舍之前，要把育雏舍及所有设备用具彻底清扫并进行严格的消毒。用2%氢氧化钠溶液消毒；最后在进雏前1周对育雏舍及用具用福尔马林熏蒸消毒，每立方米空间用福尔马林28毫升，高锰酸钾14克。先把高锰酸钾放入非金属容器内，再倒入福尔马林，然后迅速离开，密封育雏舍，24～48小时后打开门窗备用。也可选用消毒灵、过氧乙酸、烧碱、抗毒威等消毒剂。

地面放上清洁、干燥的碎刨花、稻草或稻壳。

育雏舍要饲养同一批次、品种的雏珍珠鸡，公、母雏应分栏饲养，有条件的可分舍饲养。要求育雏舍密封性能好，以利于鸡舍保温。育雏舍可铺以水泥地面，能排水，有利于鸡舍清扫、冲洗和消毒。鸡舍门口应设消毒池，进舍前鞋要消毒后才可进入。

（2）合理确定种雏的留种时间　由于珍珠鸡尚保留有繁殖的季节性特点，加上中原地区一年四季的气候差异大，合理选择留种时间是提高种珍珠鸡繁殖性能的重要条件。

通常珍珠鸡的性成熟期在26～28周龄期间，而且在温度偏低的季节会影响成年珍珠鸡的繁殖性能。因此，对于鸡舍环境条件一般的珍珠鸡场来说，尽量使种珍珠鸡的繁殖期处于外界温度较高的季节（如每年的4～10月）。出于这种考虑，就可以把珍珠鸡的留种时间确定为9月中旬以后至11月上旬之间，这个期间出壳的雏珍珠鸡其性成熟的时间在 3 月和 4 月初，繁殖期主要处于温热季节。对于鸡舍条件较好、能够控制鸡舍内环境的笼养种珍珠鸡，其繁殖期受外界温度的影响较小，留种的时间可以有较宽的选择范围。

4. 雏珍珠鸡的环境条件控制

（1）饲养密度　饲养密度一般 1 周龄时每平方米饲养 50 ～ 60 只，2 周龄时每平方米饲养 40 ～ 50 只，3 ～ 4 周龄时每平方米饲养 30 ～ 40 只，5 ～ 6 周龄时每平方米饲养 20 ～ 25 只。肉用珍珠鸡饲养密度可高些，种用饲养密度宜略小，见图 98。4 周龄以后要选择性地让雏珍珠鸡到运动场活动。

图 98　左侧密度适中、右侧偏高

（2）温度　珍珠鸡雏鸡较其他家禽的幼雏怕冷，鸡舍内温度适宜与否是育雏工作的关键。雏鸡的体温比成鸡的体温低 2℃，10 天后才能完善体温调节功能。除夏季外，需用红外线灯泡或带烟道的煤炉等供给热量。一般春秋季 28日龄前后脱温，夏季只要加温到 21 日龄，冬季需要 35 ～ 42 日龄脱温。1 周龄最适温度为 35 ～ 36℃，以后每周可降 2℃。

在实际生产中，育雏温度的高低，应取决于雏禽群的行为表现，可以根据鸡群的表现来调整鸡舍的温度：温度过高，雏鸡出现喘息；温度过低，鸡群挤聚扎堆，严重时造成窒息死亡或压死；温度适宜时，雏鸡精神好，很活泼，见图 99；温度忽高忽低，雏鸡常发生感冒等疾

图 99　温度适宜时雏珍珠鸡的表现

病。

(3)湿度 室内温度过高，会导致湿度偏低，空气干燥，如果室内湿度持续低于45%，雏鸡因失去水分太多而影响健康，严重时造成脱水。当育雏舍湿度低时，可在地面洒清水。要求育雏室内保持相对湿度为60%～70%，可在室内悬挂干湿球温度计测定。育雏后期对湿度要求不严，保持正常湿度即可。

(4)光照 光照时间：1～3日龄每天光照时间为23小时，4～7日龄为20小时，2～3周龄为16小时，4～6周龄为14小时。光照强度：以不影响雏鸡采食和饮水为宜，1周龄25～30勒，2～3周龄为20勒，4～6周龄为15勒。

(5)通风换气 雏鸡体弱且小，抵抗能力较差，舍内要保持空气新鲜。在3周龄之前一般只需自然通风即可，门、窗、屋顶风就能够满足雏鸡对通风的需求。4周龄以后在保持舍内温度的情况下，晴天中午可开窗，或采取其他措施经常通风换气，以便排出舍内过多的水蒸气、热量和污浊的气体，保持空气清新。对于4周龄后的雏珍珠鸡，夏季高温期间如果舍内温度，偏高必要时采用机械通风，要求流入舍内的空气速度为0.3～0.35米/秒。

(6)雏珍珠鸡的卫生防疫 由于雏鸡个体小，抗病力差，饲养密集，一旦感染疾病，易于传播，难以控制，所以必须以预防为主，在育雏前制定好严密的防疫消毒制度。在育雏期间，也应做好卫生工作。严格坚持消毒检疫和疫苗接种制度，除进出车辆、人员消毒外，应定期对珍珠鸡舍、笼具及环境进行预防消毒。定期投药驱除珍珠鸡体内外寄生虫，根据本地疾病流行情况及本场具体情况制定免疫程序，按时进行疫苗接种。

5. 雏珍珠鸡的选择

应从种珍珠鸡质量好、鸡场防疫严格、出雏率高的种珍珠鸡场进雏鸡。选择绒毛光亮整齐、大小一致、适时出壳、脐带愈合良好，腹部柔软、活泼、反应灵敏、无畸形，初生重符合本品种要求的健壮雏。

6. "开水"和"开食"

(1)"开水" 雏珠鸡出壳后必须让雏珍珠鸡迅速学会饮水，最好在雏鸡出壳后21小时内就给予饮水，见图100。由于初生雏鸡从较高温度和湿度的孵化器中出来，又经出雏室内停留以及途中运输，其体内丧失的水分较多，所以适时地饮水可补充雏鸡生理上所需要的水分，有助于促进雏鸡的食欲，帮助饲料的消化与吸收，促进胎粪的排出。珍珠鸡体内有75％左右的水分，在体温调节、呼吸、散热等代谢过程中起着重要作用，产生的废物，如尿酸等，也要由水携带排出。延迟给雏珍珠鸡饮水会使其脱水、虚弱，而虚弱的雏鸡就不可能很快学会饮水和吃食，最终生长发育受阻，增重缓慢，变为长不大的"僵鸡"。

图 100　雏珠鸡的饮水

初生雏鸡第一次饮水称为"开水"，一般开水应在"开食"之前。雏鸡出壳后不久即可饮水，水温以 18～25℃为好。在雏鸡入舍后，稍事休息，在3 小时内可让其饮5％葡萄糖和0.1％维生素 C 的溶液，也可饮用补液盐（即1 000 毫升水中溶有氯化钠3.5 克、氯化钾1.5 克、碳酸氢钠2.5 克、葡萄糖20 克）以增强鸡的体质，缓解运输途中引起的应激，促进体内有害物质的排出。据报道称，这种补液供足 6 小时，可降低第一周内雏鸡的死亡率。在第二周内宜饮温"开水"（水温在 22℃左右），可按规定浓度加入青霉素或高锰酸钾，有利于对早期疾病的控制。

为了保证开水的成功，若一个育雏器（如保姆伞）饲育 300 只雏鸡，在最初 1 周内应配置 6 只以上的小号饮水器，放置于紧挨保姆伞边缘的垫料上。为防止垫料进入饮水器槽而堵塞出水孔，在饮水器下面可放置旧报纸，让雏鸡站在旧报纸上饮水。随着珍珠鸡日龄的增大，撤去报纸，用砖等垫在下方。饮水器放置的高度与食槽一样，应逐步升高，其缘口应比鸡背高出 2 厘米。在撤换小号饮水器或其他饮水器时，应先保留部分以前用过的小号饮水器，逐步撤换。另外，要注意饮水器的使用情况，避免发生故障而弄湿垫草，造成氨气浓度升高和诱发球虫病及其他细菌性疾病。为保证"开水"的成功，除应配置较多的饮水器外，还应增大在"开水"期间的光照度。每只珍珠鸡应占饮水位置：钟式圆饮水器0.5厘米，2～8周龄1.5厘米，8周龄2.5厘米。

雏珍珠鸡生长愈快，需水量愈多。如果饮水量突然下降，往往是发生疾病的预兆。所以，如能每天记载雏珍珠鸡的饮水量，监测饮水变化情况，有助于及早发现鸡群可能发生的病态变化。要经常检查饮水器出水孔处有无垫料等异物堵塞，以免造成断水。如果断水时间较长，当雏珍珠鸡再看见水后，由于口渴狂饮，喝水过多会造成腹泻致死。有的拼命争水喝而弄湿了绒羽，之后会因冷又挤在一起，由于忽冷忽热和挤压，易造成死亡或引发疾病。

（2）"开食" 雏珍珠鸡第一次喂料称为"开食"。"开食"时间的早晚将直接影响雏鸡的消化吸收能力和生长发育情况。过早"开食"对雏鸡的消化器官有伤害，因为雏鸡的消化器官容积小，且正处于生长发育中，消化硬质日粮能力较差。但过迟"开食"又会消耗雏鸡的体力，使之变得虚弱，影响生长和成活。根据雏鸡养殖实践经验，"开食"时间于出壳后24～36小时较为合适。一般在雏鸡饮水1～2小时后（通常在孵出后12～24小时内）进行，最迟不超过出壳后36小时。当大部分雏鸡可随意走动，有求食行为（啄食地面）时，应及时"开食"。"开食"用的饲料可以是浸软晾干的碎米或玉米粉、小米。从2日龄开始喂给配合料。3日龄前喂湿拌料，以便于吞咽消化。喂料时少喂勤添，防止珍珠鸡扒甩而浪费饲料，加料勿超过食槽容量的1/3，见图101。

图101 雏珍珠鸡的饲喂

训练"开食"时，要增加光照的强度，使每只雏鸡都能见到饲料，因此

"开食"最好在白天进行。雏鸡饲喂人员不时发出"咯咯"的呼唤声，一边从手中将饲料缓慢且均匀地撒入料盘，诱鸡进食，这样会有越来越多的雏珍珠鸡前来吃食。饲喂人员也要留心观察，将"抢不上槽"的雏鸡捉到正在进食的雏鸡中去，保证所有的雏珍珠鸡都能慢慢地学会吃食。每次饲喂时间控制在半小时左右，发现雏鸡嗉囊约八成饱时即停止撒料，之后挡上窗帘，使雏鸡在暗环境中充分休息。间隔2小时喂一次，有条件的，可采用破碎的颗粒饲料，既可刺激鸡的食欲，又可保证全价营养，同时减少饲料浪费。通常3日龄内，每隔2小时喂一次，夜间停食4小时；3日龄后可逐渐减少喂食次数，但每天不得少于6次，以后则开始正常的饲喂。育雏期所用长形料槽、水槽的数目和长短，依据饲养数而定，原则上每只珍珠鸡需要提供的食槽位置：1～2周龄2厘米，3～5周龄5厘米，6～8周龄8厘米。每天的饲喂次数：1周龄每昼夜喂食6～8次，2周龄6次，3周龄后5次。

7. 注意观察雏珍珠鸡群

饲养员在育雏期间要经常进入鸡舍，观察雏珍珠鸡群的精神状态、羽毛、饮食、活动情况、粪便的颜色和形状、有无挤堆等状况，若发现异常应及时查明原因，确认病情，及时隔离、治疗或淘汰鸡，同上根据具体情况对鸡群有针对性地喂药预防。

观察雏珍珠鸡群要注意不能惊扰雏珍珠鸡，最好能够在雏珍珠鸡群安静的状态下进行观察。正常情况下，雏珍珠鸡采食和饮水后可能卧下休息或在室内走动。此外，在育雏过程中，要注意调整鸡群，把体弱矮小、站立不稳的鸡单独组成小群，给予特殊照顾；让其离热源近些，饲养密度变小，使其采食、饮水充足，并注意添加维生素，促进其恢复健康。

8. 做好雏鸡断喙断翅工作

（1）断喙　目的在于防止在大群密集饲养条件下出现啄癖问题，一般在8～10日龄进行断喙。断喙使用台式自动断喙器，通常在断喙器刀片呈暗红色的时候，抓住雏珍珠鸡将其喙部的前端顶在刀片上烧烙2秒即可。上喙烙去1/4，下喙烙去1/5。

（2）断翅　因珍珠鸡保留了爱飞蹿的习性，生产中为了防止其飞蹿到舍外或围网外，一般在10日龄前后切去左或右侧翅膀最后一个关节，使其平衡。断翅可以使用断喙剪，当断喙剪通电加热后，将雏珍珠鸡一侧翅膀末端的一节剪掉并烧烙止血。

9. 减少雏珍珠鸡的意外伤亡

在育雏过程中雏珠鸡的死亡原因除感染疾病外，意外伤亡也是重要原因之一，因此防止意外伤亡是提高雏珍珠鸡成活率的重要措施。

（1）防止其他动物伤害　雏珍珠鸡个体小，自卫能力差，老鼠、鼬、蛇、猫、狗、猛禽等都会对其造成伤害。因此，育雏室要求密闭效果好，平时人员出入后要及时关闭门，窗户要用金属网遮挡，防止各种野生动物和宠物进入。

（2）防止中毒　雏珍珠鸡的中毒问题主要产生于两方面：一是使用火炉加热过程中，没有完善的排烟措施，造成室内一氧化碳含量增高，导致雏珍珠鸡中毒；二是药物中毒，这种情况主要是给雏珍珠鸡添加药物的时候由于用量过大，或混合不均匀造成的。

（3）防止挤堆　雏珍珠鸡胆小易受惊吓，有陌生人、其他动物靠近，有异常的响动或灯影晃动，都会感到惊恐，受到惊吓后的雏珍珠鸡常常奔跑，并在一些角落处拥挤成堆，有的雏珍珠鸡就可能出现伤残甚至死亡。

（4）防止物体砸压　雏珍珠鸡采用平养方式的时候，需要将容易翻倒的物品和工具放在圈栏外面，防止翻倒后砸在雏珍珠鸡身上而造成伤害。

（5）防止踩踏　一是工作人员进入圈舍后走动要小心，防止踩踏雏珍珠鸡；二是放料桶的时候防止压住雏珍珠鸡。

二、育成期饲养管理

种用珍珠鸡的育成期是指8～25周龄这一阶段，又可分为育成前期和育成后期，前者为9～14周龄，后者为14～25周龄。为了培养健康、高产的产蛋珍珠鸡群，就必须做好本阶段的饲养管理工作。

1. 鸡舍的准备

种珍珠鸡育成期的饲养方式有笼养、带有室外运动场的网上平养和地面垫料平养、不带运动场的室内平养等。

在四季温差较大的地方育成鸡鸡舍可以采用密闭式，铺水泥地面，方便冲洗消毒；育成鸡使用有窗式鸡舍，要求所有透光部分应有遮光帘，进口处要有铁丝网。

育成鸡采用地面散养，天冷时地面铺垫草，天热时铺沙子，也可采用全地板网。笼养育成期珍珠鸡一般使用专用的青年鸡笼，也可以用育雏一体笼。

在育成前期，特别是刚从育雏舍转来时仍需有一定的设备供暖，最好把珍珠鸡集中于一个比较小的饲养面积集中供暖，以防育成前期的珍珠鸡受凉，灵活选用保温伞或火炉炕道作为供暖设备。供暖设备可以是保温伞、火炕等。

采用平养（网床或地面）方式的育成鸡可按每只鸡7厘米长形料槽和1厘米长形水槽标准设置采食、饮水设备；使用料桶时按每30只一个，使用真空饮水器按每40只一个，使用乳头式饮水器按每5～7只一个出水乳头配备。采用地面平养方式建议在鸡舍内安放栖架，可按每15只/米计算，可用木条自制，或钉成梯状，两根栖木距离30～35厘米，栖架离地面100厘米左右；若采用地板网养，则不必设栖架。

抓鸡时应准备抓捕用具，可用一根长2～3米的竹竿，前端系一个用细绳编织的网口直径40厘米的网兜。

当雏珍珠鸡进入6周龄以后就要对育成珍珠鸡舍进行整理和消毒，在珍珠鸡转入前至少消毒2次，第一次在室内设备整理好之后进行熏蒸消毒（按每立方米空间使用福尔马林30毫升、高锰酸钾15克计算），第二次消毒安排在进鸡前2天，可以使用喷雾消毒的方式进行，以保证育成期珍珠鸡转入前鸡舍内的卫生。

2. 饲养密度

育成前期每平方米按15～20只，育成后期按6～12只确定。饲养前期育成鸡可占用鸡舍1/3的地面，以后随着鸡的长大，再逐渐增加占地面积，直到占据整幢鸡舍。平时可根据舍内温度、湿度高低适当增减。上述饲养密度是指舍温20～25℃，相对湿度60%左右时的标准。平时可根据舍内温、湿度高低，适当减、增饲养密度，增加水、食槽。种珍珠鸡上笼前密度不超过10只/米²。由于种珠鸡要进行限制饲喂，为了保证其正常发育，因此必须保证有足够的食槽和水槽，使所有的珍珠鸡能吃上同等量的饲料、喝上足够的水从而提高群体均匀度，见图102。

图 102　育成期珍珠鸡

3. 环境条件控制

（1）光照控制　育成期的后备种用珍珠鸡在光照管理方面既要考虑鸡群生长发育、活动所需，也要考虑防止其性成熟期提前，造成早熟的问题。育成前期每天保持光照时间 8 ～ 12 小时，育成后期每天光照时间控制为 8 ～ 10 小时。但是，要在性成熟期前 2 周开始增加光照时间，刺激生殖器官发育。如果育成期处于日照时间较长的季节则需要在鸡舍窗户上设置遮光窗帘，便于早晚遮光。鸡舍内的光照强度控制为 35 勒以下，灯泡（白炽灯）设置可以按 0.5 ～ 1 瓦 / 米^{2}计算。

育成期公、母鸡应分群饲养，给予不同的光照。由于自然状态下公珍珠鸡要比母珍珠鸡的性成熟期晚 1 个多月，因此育成后期公珍珠鸡要比母珍珠鸡提早 4～5 周增加光照时间，促进公珍珠鸡的性器官发育，使其与母珍珠鸡的性成熟期能够同步，以便在母珍珠鸡开产后公珍珠鸡能尽早配种。

（2）温度控制　育成前期的珍珠鸡对外界温度虽然有一定的适应能力，但是当温度过高或过低依然会给它们造成不适。如果 12 周龄前的育成期珍珠鸡处于温度较低的季节，要注意鸡舍的保温工作，必要时还应在舍内加热，使鸡舍内温度保持在 15℃以上。如果外界温度不低于 10℃则鸡舍内不必要采取加热措施，仅注意保温即可。育成后期的珍珠鸡对 10 ～ 30℃的外界环境温度都能够较好适应。但是，需要注意在天气发生突然变化的情况下，防止温度突然下降给珍珠鸡造成的不良影响。

（3）湿度控制　鸡舍内要保持 50% ～ 60% 的相对湿度，平时要注意防止湿度过大。

（4）通风控制　育成期内的珍珠鸡要求室内空气质量良好，如果空气中有害气体和粉尘浓度过高则会对其呼吸道黏膜造成伤害，降低其抗病力。笼养青年珍珠鸡舍可以在中午前后外界温度较高的情况下启动较多的风机进行通风，在其他时间启用1～2台风机进行通风，保持舍内空气的不断流动和交换。带有运动场的平养鸡舍，当珍珠鸡群到室外运动场活动的时段可以全面启动通风系统进行彻底地通风换气。

4. 饲料

育成期的饲料各场可根据具体饲料来源和价格情况，制定价格合理、营养全面的饲料配方。通常在育成前期的饲料中代谢能水平控制为11.3兆焦/千克，粗蛋白质含量15.5%，钙含量1.2%；育成后期的饲料中代谢能水平控制为11.2兆焦/千克，粗蛋白质含量14.5%，钙含量1.0%。在下面介绍的饲料配方中可以根据前后期的营养水平需要适当调整各种原料的用量。

一般可参考如下比例配制饲料：玉米50%～52%，次粉6%～8%，麸皮4%～10%，草粉2%～6%，豆饼18%～22%，鱼粉1%～3%，肉骨粉1.5%～1.6%，贝壳粉0.5%～1.5%，氯化钠0.35%，添加剂（包括微量元素、多种维生素、氨基酸、促生长素、抗生素药物等）0.5%。还可以参考下一饲料配方：玉米55%、米糠10%、豆饼20%、蚕蛹粉5%、矿物质2%（其中石粉0.4%、骨粉1.3%、氯化钠0.3%）、维生素和微量元素等添加剂0.5%，并适当喂些干草粉或青绿饲料，同时需要根据珍珠鸡不同的年龄、体重情况来控制喂饲量，可以适当限制饲喂，控制日粮中蛋白质水平。育成鸡每天给料2～4次。

对于育成期的珍珠鸡，如果采用带有室外运动场的地面平养方式，可以在靠近运动场边缘放置草筐，筐中放置一些鲜嫩的青饲料让鸡群采食，见图103。

图103 育成期珍珠鸡喂饲青饲料

5. 育成期珍珠鸡的饲养管理

（1）限制饲喂　限制饲喂就是根据珍珠鸡的不同周龄定量饲喂，使珍珠鸡的体重符合标准。既不能喂得过多，致使鸡过肥、早熟、早产、早衰，也不能喂得太少，达不到标准体重、成熟晚、开产迟，影响产蛋。可以参照育成期各周龄的饲料限量与标准体重情况（表3），随时根据各周龄体重与标准体重的差异，改变饲喂量和饲喂方法。

育成期珍珠鸡的限制饲喂主要采用每日限饲方法，即每天给饲2次，按照表3中提供的喂料量标准喂料。当超重较多时，可实行隔日饲喂。但必须每2周随机抽测鸡群5％的体重（称空腹体重），称重后立即计算出平均体重和均匀度，并与标准体重对照，随时调整投料量。珍珠鸡限制饲喂要根据其不同周龄而具体实施，同时应根据各周龄体重与标准体重的差异，改变饲料喂量和饲喂方法。当体重超过标准体重时，可以不增加饲料量；当超重较多时，可实行隔日饲喂法。

表3　种用珍珠鸡育成期饲喂限量与标准体重

周龄	标准体重（克）	平均日耗料量（克/只）	累计耗料量（克/只）
4	300	28	196
5	400	35	441
6	500	43	742
7	600	5	1 092
8	700	55	1 477
9	800	60	1 897
10	850	64	2 345
11	920	68	2 817
12	1 000	70	3 311
13	1 050	72	3 815
14	1 130	72	4 319

周龄	标准体重（克）	平均日耗料量（克/只）	累计耗料量（克/只）
15	1 200	72	4 823
16	1 250	74	5 341
17	1 330	74	5 859
18	1 400	76	6 391
19	1 450	76	6 919
20	1 500	78	7 469
21	1 560	80	8 029
22	1 620	80	8 589
23	1 680	82	7 686
24	1 740	82	9 737
25	1 790	85	1 0332
26	1 830	90	1 0962

为了保证每只珍珠鸡每天的采食量相似，要求必须提供足够的采食位置，合理控制饲养密度（不能偏高），喂料后每只珍珠鸡都能够采食。只有当珍珠鸡群采食均匀时，群体发育的整齐度才能高。

（2）饮水管理　育成期的珍珠鸡群使用的饮水器有乳头式饮水器（常用于笼养方式和网上平养方式）、真空饮水器或普拉松饮水器（常用于平养方式和室外运动场）。

在饮水管理方面做到"清洁、充足"。清洁是指保证饮水的清新、干净，符合饮用水的卫生标准，真空饮水器和普拉松饮水器要经常清洗。充足是指在有光照的时间内保证饮水器内有足够的水供珍珠鸡饮用，不能出现断水现象；如果需要采用饮水免疫，断水的时间宜控制在3～4小时。

带有室外运动场的鸡舍，应在运动场边缘放置若干个饮水器供珍珠鸡饮用。

（3）选留　育成期的珍珠鸡在饲养过程中要进行选择，将那些不适宜做种用的个体挑出育肥后当作商品肉用珍珠鸡出售。

选留的时候注意从以下方面进行：首先，检查体格发育情况，要求留种的珍珠鸡发育良好，体格大小和体重符合留种的标准；其次，检查有无病残或外伤，留种者必须是健壮的个体；第三，要检查羽毛生长情况，羽毛要整洁；第四，在育成后期检查珍珠鸡的第二性征发育情况，淘汰第二性征不明显的个体。

6. 做好卫生防疫工作

注意观察鸡群，做好鸡群的清洁卫生和防疫工作，其免疫程序与普通鸡相同。珍珠鸡的抵抗力较强，一般不易生病。但平时禽舍要坚持消毒，每周1次，珍珠鸡舍外每月消毒1次。此外，工作人员每天进入鸡舍时要尽量保持安静，认真观察珍珠鸡的精神、饮食、排粪等有无异常情况。每天清洗水、食槽，及时清理舍内粪便及更换垫料，努力保持舍内卫生良好，这对于预防鸡群疾病至关重要。

育成期的珍珠鸡易患肠道疾病、球虫病、念珠菌病和滴虫病等，应遵医嘱进行预防性用药。育成鸡转入产蛋鸡舍时，应在夜间微弱灯光下进行。

7. 放牧管理

育成期可舍养或放养。根据珍珠鸡的习性，有条件的可采用放牧饲养，但需要质量好的牧草地，而且牧前要对珍珠鸡进行调教，以培养回巢性。同时牧前应将翼尖剪掉，防止飞失，见图104。最好在放牧地周围设置围网，使珍珠鸡的活动范围受到人为控制。

图104　在草地放牧的珍珠鸡

许多采用放牧饲养方式的育成期珍珠鸡是在放牧地搭建简易鸡舍或修建普通鸡舍，在房舍的前后种植牧草或青菜供鸡群采食。白天鸡群在草地放养，夜间回到鸡舍休息，在大风和雨雪天气鸡群圈养在舍内。

放牧要注意天气变化，遇到恶劣天气不要将珍珠鸡群放到室外，气温低的季节推迟放牧时间并提早收鸡时间，减少鸡群在室外活动的时间。气温高的季节可以利用早晨凉爽的时间放牧，如果放牧场地内有树木则白天大部分时间可以在室外放养。

放养珍珠鸡时要求管理人员定时在场地周边巡查，注意防止其他动物的进入，以免对珍珠鸡造成危害，同时也要注意检查围网的完整性以防止珍珠鸡脱逃。

放养的珍珠鸡也要注意补饲，仅靠青绿饲料很难满足其生长发育的营养需要。补饲的饲料量主要依据珍珠鸡的体重来确定。

8. 饲养操作注意要点

育成鸡要执行"全进全出制"，公、母鸡要分开饲养，在昼夜温度差别不大，气温偏高的地方，一般采用开放式鸡舍饲养育成鸡即可，地面散养，自由出入。舍内及运动场都要有栖架、水槽、食槽、沙浴地。

（1）给予安静的环境，防止应激　珍珠鸡和其他家禽一样，很容易受惊，因此要非常小心，要保持禽舍周围安静，无噪声，避免给珍珠鸡带来紧张和造成窒息的危险。有条件的话，可用柳条或细铁丝编成三角形的网放在珍珠鸡舍的墙角处，用以防止珍珠鸡因受惊时发生挤压造成伤亡。工作人员进入鸡舍要又轻又稳，管理要有规律。

（2）及早设置栖架　珍珠鸡尚存有野性，一般到12周以后逐渐出现。珍珠鸡具有善飞翔、爱攀登、好活动，休息时或夜间爱攀登高处栖息的生活习性，因此管理工作应及早进行，一般从8～10周龄开始使用栖架。栖息架可用竹、木制作，架高60～80厘米，架长以每只鸡占用15～20厘米即可，见图105。

图105　育成珍珠鸡舍内的栖架

（3）设置沙浴池　珍珠鸡有沙浴的习惯，在室外活动场地上常常刨出很多土坑用于沙浴，见图106。因此，在圈养情况下必须在栏舍内放一个装有沙砾的容器，让其自由沙浴和啄食。每100只种鸡设置一个2米²的沙池，沙子的直径在0.2～0.5毫米。室外运动场同样要放置若干个沙浴盆。

图106　珍珠鸡在运动场刨出的土坑

三、产蛋期饲养管理

育成期的母珍珠鸡饲养到26周龄，其生殖器官已发育成熟，并逐步开始产蛋。通常约在25周龄将母珍珠鸡转入产蛋舍饲养。每年春季气温上升到20℃时珍珠鸡开产，4～11月为产蛋期，母珍珠鸡的繁殖期一般持续到66周龄，以后产蛋率很低。一般一只种用母珍珠鸡在26～66周龄期间产蛋150枚左右。

1. 环境条件控制

（1）温度要求　珍珠鸡在繁殖期对温度十分敏感，温度变化对种用母珍珠鸡的产蛋率和公珍珠鸡的精液品质都有较大影响。在自然条件下珍珠鸡的繁殖旺盛时期在4～5月气温较高的时期。冬季鸡舍温度若低于10℃时，种蛋受精率明显降低，产蛋率也呈下降趋势，而且温度对公珍珠鸡的影响比对母珍珠鸡更为突出。因为温度低，公珍珠鸡的排精量减少，精液浓度变稀，精子活力减弱，即使采用人工授精技术，受精率也不高。采用自然配种，公珍珠鸡也出现此种情况，而且还不愿配种。但是高温对珍珠鸡繁殖率影响并不明显，特别是公珍珠鸡仍有良好的繁殖性能，甚至气温高达37℃时，不论是采用自然配种还是人工授精方法，受精率降低均不显著。

种珍珠鸡舍温度以20～28℃时最适合种鸡繁殖的需要，对母珍珠鸡有人测得15～20℃时产蛋率较高，17～25℃时产蛋珍珠鸡的饲料利用率最高。为提高产蛋率和种蛋质量，天冷时要加强保温，使室内温度不低于15℃；天热时要将舍温控制在32℃以下。

（2）湿度控制　在温度适宜的情况下，珍珠鸡对湿度的适用范围较宽。若湿度偏高，无论在高温或是在低温环境条件下对珍珠鸡都是不利的。高温、高湿不利于珍珠鸡体内热量的散发，也易使饲料发霉变质；低温、高湿则会加大鸡体散热，使珍珠鸡倍感寒冷。笼养珍珠鸡湿度略高的影响不大，若是地面垫料平养湿度高，则会造成垫草潮湿、发霉、蛋壳脏、珍珠鸡的健康状况差。一般相对湿度为 50%～60%最佳。

防止珍珠鸡舍内湿度偏高应采取综合性的控制措施：珍珠鸡场应修建在地势高燥的地方，雨后容易排水；场区内地面相对平整、排水系统设置合理，场区内不容易积水；珍珠鸡舍的地面应比室外高30～40厘米，地面应做防潮处理；使用乳头式饮水器，如果使用真空式饮水器要尽量防止水洒出；珍珠鸡舍要合理进行通风等。

对于带有室外运动场的平养珍珠鸡舍，当鸡群到运动场活动的时候加大通风量进行通风，并将潮湿的垫料及时清理出去，用干燥的垫料补充，这样有助于防止湿度偏高。

（3）光照管理　光照对于产蛋期的种珍珠鸡而言，不仅会影响其采食、饮水、活动和休息，更重要的是会影响其体内与生殖有关激素的合成和分泌，对其繁殖过程产生明显的影响。珍珠鸡舍要有照明装置，光照强度应保持 2～3 瓦/米^2。

生产中产蛋期种珍珠鸡应遵守的光照原则：产蛋期每日光照强度和长度决不可减弱和缩短。光照时间的变化若以24周龄认定为性成熟期，则从21～22周龄起每天光照时间应逐渐增加，每周在上周光照时间的基础上递增30～50分，28周龄时光照时间达到每天16小时，以后保持稳定不变，切勿减少，否则对产蛋无益，且浪费电力和饲料，光照强度以10勒为宜。

产蛋期的光照管理必须与育成期的光照程序紧密结合。育成期光照方式转变为产蛋期光照方式的操作，对其产蛋高峰的出现与持续时间以及全程产蛋量的多少有着决定性的影响。一般种鸡26～27周龄产蛋率达2%～5%时改为产蛋期光照方式，即在育成期的基础上每周增加光照30分，直到每天光照16小时。

一般种珍珠鸡舍都是有窗鸡舍，白天应充分利用自然光照，补充照明应在早上和傍晚。人工补充光照一般采用白炽灯，以1米^{2}舍内地面有4～6瓦功率的白炽灯泡即可，或以工作人员进入鸡舍后能清楚地观察到各处料槽内的饲料情况为准。这样可保证鸡的采食、饮水不受影响，也能起到刺激鸡体内生殖激素分泌的作用，同时也便于工作人员的观察和操作。对于笼养种珍珠鸡，光线过强会造成鸡群的不安，易诱发啄癖，必要时应考虑遮挡强光。

由于光照会影响珍珠鸡体内生殖激素的分泌，因此必须保证舍内珍珠鸡群均匀接受光照刺激。笼养珍珠鸡舍内灯泡必须装在走道的正上方，损坏的灯泡应及时更换。

（4）通风　珍珠鸡舍内应设有自然通风和机械通风。珍珠鸡舍内粪便在微生物作用下，一些有机物质会被分解而产生氨气、硫化氢等有害气体，鸡群呼吸过程中会产生二氧化碳。这些气体含量偏高时对鸡群的健康和生产都是不利的，必须通过通风以不断更新舍内空气，将其含量降至最低水平。

在温度适宜或高的时期可以打开门窗或风扇，充分通风；在温度较低的季节可以安排在中午前后或鸡群到舍外活动的时候进行充分的通风。冬季通风要防止冷风直吹鸡体。

2. 繁殖期种珍珠鸡的饲料与喂饲管理

（1）饲料　为了保证营养需要，产蛋期（繁殖期）的种珍珠鸡应改喂产蛋期饲料，目前有市售的成品料，也可根据原料来源进行配制，参考配方比例如下：

配方一：玉米55％、麦粉8％、麸皮5％、草粉3％、豆饼类15％、秘鲁鱼粉5％、骨粉1.5％、贝壳粉6.5％、氯化钠0.5％，微量元素、多种维生素、氨基酸等添加剂0.5％。

配方二：玉米55％、碎大米6.5％、麸皮3.2％、豆粕16％、菜籽粕3％、棉仁粕4％、石粉7％、氯化钠0.3％、蛋种鸡预混合饲料5％。

配方三：玉米62.7％、豆粕16％、菜籽粕3％、棉仁粕3％、麸皮3.5％、石粉6.5％、氯化钠0.3％、蛋种鸡预混合饲料5％。

产蛋期尤其要注意添加锰、烟酸、维生素E等。此外，还应补喂钙质饲料和增加青绿饲料。

如果是小型种珍珠鸡场，使用蛋种鸡配合饲料也可以。

（2）喂饲管理　尽量保证每只鸡占有10厘米长形食槽，并设有饮水槽，让鸡自由饮水；同时，种鸡产蛋期也要注意饲料的限制饲喂，若敞开饲喂，则易导致种鸡过肥，极影响产蛋率和受精率；一般在产蛋率达10％时可适当增加饲料量，产蛋高峰期后，可逐渐控制饲喂；珍珠鸡在产蛋期的平均日耗料约115克，应坚持每2周随机抽测鸡群5％的鸡的体重，以平均体重与标准体重对照而采取相应饲喂措施。由于珍珠鸡对真菌、霉菌特别敏感，因此一定要注意饮水卫生，饮水要勤换、水槽要经常洗刷，每周可用高锰酸钾等消毒药刷水槽一次。

1）饲料形态　对于产蛋期的种珍珠鸡一般都喂干粉料，只有在喂料后约1小时发现料槽内仍有少量碎粉料时才可以用少量水将其拌湿以刺激采食。饲料的颜色、气味、颗粒大小都会影响采食，要尽可能保持稳定。

2）均匀采食　喂料时尽可能使料槽中饲料分布均匀，每次喂料后半小时要匀料1次。下次喂料前要检查上次喂料后的采食情况，若槽内局部有饲料堆积则应检查该处鸡只数量、鸡的精神状态及笼具有无变形。若没发现异常则应将该处饲料匀到他处让鸡采食。

3）喂饲方法　产蛋期间尤其是45周龄以前应保证鸡群充分采食，只有摄入足够的营养才能保证高的产蛋率。一般在产蛋期间每天喂全价料110克左右，饲喂3～4次，第一次喂料应在早上开灯后2小时内进行，最后一次喂料则应在晚上关灯前3小时左右进行，中午前后可喂一次。

4）产蛋期的饲料　新珍珠鸡转入成年鸡舍后约在22周龄或3月中旬开始使用过渡饲料，也可将育成前期饲料与产蛋期饲料混合使用，并将维生素的添加量增加30％；在产蛋率达到10％左右时转换为产蛋前期饲料，当产蛋6个月（大约在8月底）后换为产蛋后期饲料。产蛋期间饲料要相对稳定，不能经常调换饲料配方或主要原料，换料应有5～7天的过渡期，以使珍珠鸡的消化系统能够很好地适应。产蛋珍珠鸡饲料的质量必须有保证，发霉变质的原料不能使用，存放时间过长者也尽可能不用。

（3）体重、均匀度及饲喂量的控制　提高珍珠鸡群的均匀度是指性成熟、体成熟和体重的充分结合。生长发育均匀一致的珍珠鸡群，对光照刺激的反应也一致，对增加饲料的反应也较好，可以获得较理想的产蛋高峰，且产蛋高峰期持续的时间也较长。因此，整个生长期的生产性能和生产效益都比较理想。

实际生产中，在制定每周的喂料量时，应该"瞻前顾后、循序渐进"。既要参考前3周的喂料量，同时，又要预定后2周的喂料量。育雏育成期，每周喂料量增加的幅度，依据饲料浓度、环境条件，以及鸡只体重的增量来确定。而在产蛋期，喂料量的增加幅度，则主要依据产蛋率、蛋重、饲料浓度、环境条件，以及鸡体重的增加情况来确定。产蛋高峰过后，饲料的减幅较大，以后，随着产蛋率的平稳下降，喂料量将稳定在一个较低的水平上。每周定期称重是检验喂料量准确性的主要依据，通过实际称重结果，可及时调整每周的喂料量。实践证明，越早控制均匀度，效果越好。分圈饲养、定期挑鸡是提高均匀度的有效办法之一。

（4）限制饲喂　在种鸡产蛋期仍要注意饲料的限制饲喂，若敞开饲喂，则易导致种鸡过肥，极大影响产蛋率和受精率。一般在产蛋率达10%时可适当增加饲料量，产蛋高峰期后可逐渐控制饲喂。珍珠鸡在产蛋期的平均日耗料110克左右（105～115克）。应坚持每2周随机抽测鸡群5%的鸡的体重，以平均体重与标准体重对照而采取相应饲喂措施。

（5）青绿饲料的使用　对于带有室外运动场的平养种鸡舍，可以在日常的饲养管理中适量喂饲一部分青绿饲料。常用的青绿饲料有野草、牧草、青菜等，要当天收割当天使用，要鲜嫩、干净；枯老发黄、腐烂的不能使用。青绿饲料可以在中午前后喂饲，一般要放在草架上让珍珠鸡啄食，减少被弄脏的概率。每只种珍珠鸡每天的用量不宜超过100克，否则会影响总的营养素摄入量。

（6）补饲沙粒　对于笼养的种珍珠鸡由于不能与地面接触，需要定期为其补饲一些沙粒以帮助其消化。沙粒一般使用河沙，粒度与绿豆大小相似，每只珍珠鸡每周补饲10克左右；可以一次性撒在料槽内任其采食。

3. 成年珍珠鸡的饮水管理

繁殖期的种用珍珠鸡饮水管理原则是：清洁、充足。

（1）饮水方式　笼养种珍珠鸡基本上都是采用乳头式饮水器，网上平养的种珍珠鸡也常常使用乳头式饮水器。这种饮水方式能够保证饮水不受污染，而且能够节约用水。但是，出水阀的质量直接关系到出水阀的使用时间和是否有漏水问题，一个出水阀的价格0.5～2元，价格低的产品常常问题较多。使用乳头式饮水器要注意其高度和位置，既不能影响到珍珠鸡饮水，也要避免珍珠鸡活动时碰到出水阀而漏水。

真空饮水器常用于平养方式的种珍珠鸡，一般使用容量在5升左右的型号，如果使用小型号的饮水器则容易被珠鸡碰倒造成漏水。真空饮水器下面常常用砖块铺垫，以减少垫料进入饮水盘。

水盆通常仅用于室外运动场或放牧场所内，而且有被大型号（5～10升）的真空饮水器取代的趋势。

（2）注意饮水卫生　如果珍珠鸡饮用被污染的水会引起疾病，常见的如肠炎等，不仅影响珍珠鸡群的健康，还会造成产蛋率和蛋壳质量的下降。保证饮水质量首先是水源的控制，尤其是常用的井水要定期检测，了解其是否符合饮用水卫生标准，必要时进行过滤和消毒处理；饮水用具要定期清洗，防止水在其中长期积存而滋生藻类和受大肠杆菌污染；使用真空饮水器和水盆需要及时更换饮水，尽量减少杂物混入水中。

（3）保证饮水的充足供给　饮水系统内要保持足量的水，以满足种珍珠鸡随时饮用的要求。如果采用饮水免疫方式或其他原因需要暂时停水，一般不要超过3小时。

4. 开产前转群工作

育成后期种珍珠鸡一般要在性成熟前4～5周转入产蛋用的珍珠鸡舍内饲养，使其提前适应新环境，熟悉饮水和采食之处，避免因转群过迟而影响产蛋量。

珍珠鸡转群以前，应使用驱虫剂进行驱虫，要按免疫计划完成疫苗接种工作，对珍珠鸡将要入住的鸡舍和用具要提前进行彻底清扫、冲洗及消毒，并且在舍内摆放好足够的料槽（每只鸡占15厘米左右）、饮水器（每个乳头式饮水器的出水阀可供4～5只珍珠鸡使用，如果使用水槽则每只珍珠鸡占2.5～3厘米）和产蛋箱（每6～7只珍珠鸡一个产蛋窝）。

珍珠鸡转群前2天，可在饮水中加入适量的维生素C，在饲料中适当掺入抗应激药物。珍珠鸡转群最好选在晚上，不要在白天或强光照下抓珍珠鸡（尤其在炎热的夏季）。抓珍珠鸡时动作须轻缓，握其胫部，切忌抓其大腿、颈部或翅膀，尽量避免损伤。对于病、残与不符合种用要求的母珍珠鸡，要进行淘汰。

5. 产蛋期各阶段饲养管理

种珍珠鸡的繁殖期，根据不同阶段鸡体自身的生理特点、产蛋率变化等，需要在喂料量、管理措施等方面给予不同的处理要求。

（1）产蛋前期　从开产到产蛋率上升至高峰阶段为产蛋前期，通常是26～34周龄。该阶段是产蛋率上升时期，也是母鸡的生长发育从性成熟向体成熟转变的时期，营养需要除供产蛋以外，还要供生长需要。所以，在饲养上要求日粮的能量、蛋白质、钙、磷水平都较高，应增加饲料喂量，以适应产蛋率越来越高和母鸡生长的营养需要。根据不同品种的特点，从产蛋率达到3%开始增加饲料喂给量，按周调整，通常每周增加日粮喂料4～6克／只，直至出现产蛋高峰为止。种用珍珠鸡应在22周龄前转入产蛋鸡舍饲养，产蛋鸡应采用笼养和人工授精。珍珠鸡一般在26周龄开始有少数个体产蛋，以后产蛋率逐渐升高，35周龄达到产蛋高峰。

确定母鸡群的产蛋高峰一般采用试探性饲喂方法。当鸡群产蛋量持续几天停留在一定水平时，可用增加喂料量的方法进行试探，一般每只母鸡在原来的日喂量基础上增加3～5克饲料，连喂3～4天，观察鸡群的产蛋情况。如果产蛋量有所增加，则说明真正的产蛋高峰尚未到来，应继续增加饲料喂量，提高产蛋率。如果增加饲料的第四天以后，鸡群并没有提高产蛋率，则说明产蛋高峰期已经来到，应该立即恢复试探期之前的喂料量。产蛋初期的种珍珠鸡群见图107。

图107　刚进入产蛋初期的种珍珠鸡群

（2）产蛋中期　从产蛋率达到高峰到产蛋逐渐下降阶段称为产蛋中期，一般指35～50周龄，由于该阶段母鸡产蛋量多，种蛋受精率、合格率好，故称为盛产期。这个时期的主要任务是使产蛋高峰持续较长时间，产蛋率下降缓慢一些，故在饲养上应注意日粮的能量、蛋白质水平要保持不变，当产蛋量下降时可适当减少喂料量。水是重要的营养之一，供给充足的清洁饮用水是保持高产的基本条件。产蛋中期的珍珠鸡群见图108。

保持环境条件和饲养管理规程的相对稳定，加强日常的卫生防疫管理，减少应激的发生是保持产蛋中期珍珠鸡群良好繁殖性能的重要基础，也是延长产蛋中期持续时间的重要前提。有的种珠鸡群产蛋中期能够维持到55周龄。

图 108　产蛋中期的珍珠鸡群

（3）产蛋后期　产蛋后期是指产蛋量下降到淘汰为止，一般为51周龄以后到淘汰。这个时期产蛋率逐渐下降，在生理上由于体成熟后多余的营养主要用于沉积脂肪，在饲养管理上应根据产蛋量下降的速度适当减少喂料量，或者降低日粮中蛋白质水平，使营养满足维持体能与产蛋的需要便可。

饲料喂给量应根据舍温、产蛋率和饲料质量等决定，在气温低、产蛋率高时，应适当增加喂料量；在天气热、产蛋率低时,应适当减少喂料量。特殊情况下，如鸡群受到刺激、接种疫苗或光照管理不当出现暂时性产蛋量下降时，则不应减少喂料量。需要注意的是，随着年龄增长，母鸡吸收钙的机能逐渐下降，钙的含量不足，将会影响蛋壳的质量，出现软壳蛋、薄壳蛋、破损蛋增加等现象，所以日粮中要适当增加钙的含量。产蛋后期的种珍珠鸡群见图109。

图 109　产蛋后期的种珍珠鸡群

6. 产蛋期种珍珠鸡的日常管理

饲养工作必须细心，及时发现和解决生产中发生或存在的各种问题才能保证珍珠鸡健康高产。

（1）种鸡的饲养方式　饲养方式不同，则饲养密度也不同。地面垫料平养、网上平养和笼养这几种方式各有特点：地面平养设施简单，投资不多，鸡的腿病较少，母鸡所产蛋的受精率较高，不足之处是单位面积养鸡的数量少，种蛋易受污染，养殖设备的利用率不高，环境易潮湿、鸡易患病，适于比较干燥的地区使用，且占地面积比较大，适合地方比较宽裕的养殖场；采取网上平养能提高鸡的饲养密度，减少鸡与其粪便接触机会，可以减少某些疾病的发生，但是鸡因长期栖居于软网之上，易发腿病和胸部囊肿，占用场地面积也较大；笼养占地面积小，且饲养管理操作方便，但一次性投资成本大。养殖户应该因地制宜，根据各自条件选择合适的饲养方式。

生产实践表明，种珍珠鸡采取笼养和人工授精是可行的，这对于提高种蛋受精率、充分利用种公珍珠鸡的种用价值、降低饲养成本、减少抓鸡应激及其对产蛋量的影响都有着重要作用。因此，种用珍珠鸡多采用笼养结合人工授精。

若采用平养方式饲养种用珍珠鸡，一般在修建鸡舍的时候会附设室外运动场，运动场的面积是鸡舍面积的2～3倍，周围用金属网围起来，高度约2.5米，顶部用尼龙网罩住，防止珍珠鸡飞逃。在合适的天气让种珍珠鸡到室外运动场活动。

130

（2）饲养密度　珍珠鸡的饲养密度也直接影响到生产性能和成本，密度过大，珍珠鸡舍内空气容易混浊，垫料容易潮湿，鸡群活动范围小，鸡采食不均匀，不利于鸡群健康；密度过小，则增加饲养成本，不经济。适宜的饲养密度是在不影响种珍珠鸡的健康和生产性能的基础上充分利用建筑面积。采用地面垫料平养或网上平养方式不带室外运动场的珍珠鸡舍，繁殖期的饲养密度（以鸡舍内的面积计算）为 $5 \sim 6$ 只／米^2，带有运动场的鸡舍为 $6 \sim 7$ 只／米^2；如果是采用笼养方式，每个单笼内饲养 $2 \sim 3$ 只，要求每只珍珠鸡所占有的笼底面积不能低于 400 厘米^2。

（3）降低蛋的破损率　合格种蛋与破损蛋之间经济价值相差较大，破损的蛋不仅不能用于孵化，而且作为商品蛋也不能运输和保存。因此，在种珍珠鸡生产中应尽量减少蛋的破损，捡蛋要勤，每天 $5 \sim 6$ 次。勤捡蛋有利于防止珍珠鸡啄蛋造成的破损，也能够减少蛋被踩破的概率。

在日常捡蛋的过程中要注意观察蛋壳的质地，如果发现蛋壳表面粗糙、蛋壳薄，则说明蛋形成过程中钙的沉积有问题，需要检查饲料中钙、磷、锰和维生素 D_3 的含量是否正常，检查鸡群的精神状态和粪便颜色与现状，判断是否有健康问题。

捡蛋、放蛋、验蛋动作要轻，破蛋、脏蛋另用容器存放。捡出的种蛋须及时送蛋库消毒保存。

（4）及时催醒抱窝鸡　饲养种用珍珠鸡的过程中，母珍珠鸡产蛋一段时间后就出现抱窝现象（又称就巢），而且这种现象会在大多数个体上发生。抱窝的珍珠鸡表现为常常卧在产蛋窝内或在鸡舍内僻静的角落，羽毛松乱，运动和采食减少。而且，处于抱窝状态的珍珠鸡产蛋停止。如果鸡群中有一定数量的个体发生抱窝，就会降低全群的产蛋率。

对抱窝母珍珠鸡要及时催醒，使其尽快恢复产蛋。催醒抱窝母珍珠鸡的方法有物理方法和化学方法。物理方法是将抱窝母珍珠鸡移到明亮通风的地方，用水浸脚或用绳子吊起一只脚，数天后就可醒窝。化学方法是对按每千克体重注射 12.5 毫克丙酸睾酮，效果很好；或喂服复方阿司匹林片，每天1片，连服数天，效果也较好。

（5）注意观察鸡群　经常仔细检查珍珠鸡群的采食、休息、活动和鸡舍的卫生消毒等情况，特别是每次喂料后和捡蛋时注意观察鸡的表现。发现低头缩颈、眼睛半闭、羽毛松乱、双翅下垂或伏卧在地的应及时检查，若疑似病鸡要及时隔离、检查和确诊治疗。发现患病鸡要及时淘汰，死鸡送兽医站解剖，查找原因，并及时采取有效措施，以减少损失。

观察粪便：若粪便不正常，过稀或颜色发绿或灰黄色或红黄色则应注意检查并分析原因，看是否属疾病引起。

听呼吸声音：晚上关灯后可站在舍内或立于窗外仔细倾听舍内有无"呼噜"声或喷嚏声。尤其在深秋至第二年仲春季节，是呼吸系统疾病发生较多的时期，此期更应注意有无呼吸困难的表现。

（6）防止应激的影响　产蛋期种珍珠母鸡对应激表现十分敏感。在一些不可避免的应激因素下，要提前投喂抗应激药物，如电解多维或维生素C等。产蛋期饲料和饮水的应激至关重要。在产蛋期，观察珍珠鸡吃料的时间和饮水量是一项很重要的工作，如出现缺水和缺料或喂料太多时，应激都会表现得十分明显，应立即纠正处理。

另一方面，免疫因素也很重要。疫苗的注射对产蛋珍珠鸡的影响是相当大的。往往产蛋下降 1%～10%。这关键在于疫苗注射过程中的操作：①在免疫前要投喂抗应激药物，比如电解多维、维生素C等，一方面可以减轻鸡群的应激，另一方面还可以促进免疫效果，提高抗体的整齐度和效价水平。②产蛋鸡可在晚上借助微光进行免疫操作，因为产蛋鸡对暗光不敏感，且容易抓鸡，可避免惊群。③疫苗注射前必须使疫苗恢复到室温状态，疫苗温度越低，对鸡只的应激越大，吸收也越慢而且不完全。

另外，如未发生特别疫情，可将 40 周龄种珍珠鸡疫苗的免疫适度延迟一段时间，以错开产蛋高峰期，避免应激影响产蛋率。

（7）其他注意事项　检查各种设备的完好情况，每天在设备使用期间进行检查，包括风机、灯泡、笼具、水槽、料槽、笼网等。

坚持卫生管理工作，清扫杂物，带鸡消毒，清理料槽和水槽。

防止惊群，惊群对珍珠鸡的生产有明显的不利。陌生人的进入、异常的响声、其他动物的进入都会引起惊群。

搞好记录，记录内容包括日期、当日存栏鸡、死亡淘汰数、总耗料量、平均耗料量、产蛋量、种蛋合格率、环境因素、卫生防疫及用药情况等。记录的目的在于能及时发现问题查找原因。

饲养人员进场换衣消毒,严禁外来人员入内。要设立专门消毒通道。

7. 不同季节种珍珠鸡的管理要点

(1)春季 一般指每年的3～5月,本季节外界气温回升,天气逐渐转暖,日照时间逐渐延长,是一年中禽类的繁殖季节。在经历寒冷的冬季后,种珍珠鸡的产蛋率、种蛋受精率都逐步上升。此时要加强种珍珠鸡的饲养管理,勤捡蛋,减少脏蛋和破损蛋,提高种蛋的合格率。适当增加饲料中的复合维生素和微量元素用量,提高蛋白质的含量。

春季气温逐渐升高,各种病原微生物容易滋生繁殖,如果不注意加强卫生防疫工作则容易发生传染病。因此,春季要对珍珠鸡场环境进行彻底的清扫和消毒,鸡舍要加强通风,每周带鸡进行消毒,同时用EM菌饲喂鸡群,进一步净化鸡舍环境,提高鸡群的健康水平。

由于早春气候多变,外界温度在逐渐上升的同时有可能会出现"倒春寒"现象。这种现象对于珍珠鸡群的健康非常不利,需要留意天气预报,遇到降温天气要提前做好防范措施。

(2)夏季 通常指每年的6～8月。本季节日照时间长,外界温度高,天气暖热,管理上重要的是防暑降温,促进食欲。有条件的珍珠鸡场,种鸡舍应采用纵向通风,湿帘降温。一般珍珠鸡场在鸡舍内应增加一定数量的排风扇。舍内安装喷雾降温装置,当舍内温度较高时,自动喷出雾状水珠,吸收舍内和鸡体本身热量,使舍温降低。屋顶上装上固定的或能旋转的水龙头,定时向屋顶喷水,在大大降低屋顶表面温度的同时降低舍内温度。实践证明,通过此法可降低舍内温度 3～5℃。

饲料要勤配勤用,防止饲料发霉变质。夏天天气炎热,珍珠鸡的采食量减少,可将喂料时间改为凉爽的早晚,同时应调整饲料的配方,适当增加蛋白质饲料,减少能量饲料。随温度的变化调整饲料配方,当温度超过最适温度,温度每升高1℃,日粮所含能量应减少 1%～2%,或蛋白质含量增加2%左右。当然减少的能量或增加的蛋白质含量不应偏离饲养标准太远,一般不能超过饲养标准的5%～10%。

及时排除珍珠鸡舍周围的污水、积水,避免下雨后高温高湿的状况出现,加强珍珠鸡舍内的通风换气,保证饮水量充足,绝不可断水,通常在21℃时,饮水量是采食量的 2 倍,炎热夏季可增加4倍多。应随时保证水箱或水槽中有足够饮用水。

适当添加维生素C。可在饲料或饮水中添加维生素C，维生素C具有良好的抗热应激作用，一般在每吨饲料中添加200～300克或每千克饮水中添加0.15～0.2克。

在饲料中添加0.3%的碳酸氢钠。因夏季高温，随珍珠鸡体呼吸排出的二氧化碳量增加，血液中碳酸氢离子浓度下降，造成产蛋率下降，蛋壳变薄，破损率增加。据报道，添加碳酸氢钠可提高产蛋量5%以上，料蛋比下降0.2，破损率减少1%～2%，并可延缓产蛋高峰下降过程。使用方法是先将碳酸氢钠溶于少量清水中，再将清水与饲料拌匀饲喂鸡群，此时可考虑适当减少氯化钠用量。

（3）秋季　一般指每年的9～11月，这个季节日照时间逐渐缩短，应按光照程序及时补充鸡舍光照，保证每天16～17小时的光照时间，防止因为补光不及时而造成种珍珠鸡停产换羽。由于昼夜温差大，还应进一步加强对珍珠鸡群的管理，防止夜间低温对产蛋的不良影响。要注意秋季每次刮风下雨后都会出现降温的情况，需要做好相应的保温措施，同时要做好入冬前珍珠鸡舍防寒的准备工作。此季应抓好选种工作，要根据珍珠鸡的体质外貌特征、生产性能及繁殖性能进行选留或淘汰。

（4）冬季　一般指当年的12月到第二年的2月。这个期间日照时间短，气温低，应加强防寒保暖工作。如果珍珠鸡舍的防寒保暖工作没做好，就会造成种珍珠鸡群产蛋率明显下降甚至停产。为了保证珍珠鸡群的产蛋需要，珍珠鸡舍内的温度应维持为16～25℃，这是冬季发挥珍珠鸡繁殖力潜能和保证正常生产的关键。

温度低时可实行人工供暖，大型种珍珠鸡场常用的方法是使用锅炉供暖或热风炉供暖；中小型种珍珠鸡场常用火炉加热。在多风的时期将珍珠鸡舍北面的窗户用塑料薄膜封严或用厚草帘遮住。寒潮到来，防止寒风直接吹进舍内，处于产蛋高峰期的珍珠鸡受寒会换羽、停产，公珍珠鸡无精液。

专题八
商品珍珠鸡的饲养管理

专题提示

饲养商品珍珠鸡比饲养普通肉用仔鸡还要容易，投入少、设备简单、经济效益高。在正常饲养情况下，可将珍珠鸡饲养至 12～13 周龄、平均体重达 1 500 克时出售。

一、商品珍珠鸡的圈养

1. 圈舍要求

圈养肉用珍珠鸡大多数采用带有室外运动场的有窗鸡舍，在 6 周龄前的珍珠鸡需要较高的环境温度，一般都在鸡舍内圈养；7 周龄后的珍珠鸡第一次换羽已经完成，对外界环境条件的适应性较强，白天可以在温度较高（达到 18℃以上）、无风（风力小于 3 级）的情况下让珍珠鸡群到室外运动场活动，并在运动场放置料槽（料桶）和饮水器，增大珍珠鸡的活动空间，增强体质。

肉用珍珠鸡饲养的房舍安排有两种情况：一是分别建造育雏室和育肥鸡舍，二是将雏珍珠鸡和育肥珍珠鸡饲养在一个鸡舍内。

（1）育雏室的要求　主要用于饲养 6 周龄前的雏珍珠鸡，多数采用笼养方式。育雏室应具有良好的保温隔热效果，有加热设备，能够满足雏珍珠鸡对较高环境温度的要求。育雏室的窗户向外开，在内侧安装金属网用于防止飞鸟和老鼠等进入，门口设置挡鼠板和挡鸟网。

（2）育肥珍珠鸡舍的要求　育肥舍一般采用地面或网上平养方式，大多数带有室外运动场。地面垫料平养珍珠鸡舍的室内地面要比室外高出 35 厘米，并做防潮处理，以利于保持垫料的干燥。网上平养方式的育肥舍则要求网床高度约45厘米，可以设置地窗以利于空气从粪便的表面吹过。通向室外运动场一侧要设置若干个小门，小门的门扇朝外开，供珍珠鸡群在鸡舍和运动场之间的来往，不让珍珠鸡群到运动场的情况下可以将小门关闭。育肥鸡舍一般不设置固定的加热设备，如果是在低温季节，可以使用火炉或其他可移动的加热设备进行加热。

（3）育雏、育肥一体舍　这种鸡舍的建造形式与育肥珍珠鸡舍相似，但是在鸡舍内需要安装加热设备，用于前期珍珠鸡的环境加热。加热设备常常安装两类，在6周龄前或外界温度较低的时候，加热设备全部开启；6周龄后或外界温度较高的情况下仅开启其中的一套加热设备。当珍珠鸡生长到6周龄后，外界温度也较高的时候可以关闭加热设备。为了提高加热设备的使用效率，通常将加热设备安装在鸡舍的前段1/2，因为育雏阶段可以用塑料布或编织布从鸡舍中间隔开，鸡群只饲养在鸡舍的前一半空间内。6周龄后鸡长大，可以将隔挡用的塑料布取下，扩大鸡群的生活空间，按照育肥舍的管理要求执行日常饲养管理。

2. 育雏阶段的饲养管理

商品珍珠鸡的育雏期饲养管理和卫生防疫要求与种珠鸡的育雏期要求相同。

（1）育雏室的准备　在接入雏珍珠鸡前10～15天要打扫和冲洗育雏室，安装和调试育雏设备，确保各种设备能够正常工作。之后加强通风以排除育雏室内的湿气，使室内地面、墙壁和设备尽量干燥。

进雏前5天对育雏室进行熏蒸消毒，按照每立方米空间使用36毫升福尔马林和18克高锰酸钾进行熏蒸，育雏室熏蒸消毒期间要密闭至少24小时，然后打开门窗和风机进行通风，排出药物气体。在进雏前1天对育雏室再次进行消毒，可以使用季铵盐类或卤素类消毒剂进行喷洒消毒，并对育雏室门前和道路喷洒消毒。

（2）育雏室的预热　接雏前2～3天启用加热设备对育雏室进行预热，当室内温度达到34℃的时候保持稳定。通过预热能够使地面和墙壁含有的水分蒸发排出，能够使地面和墙壁、设备的温度升高到接近室温的水平，这样有利于缓冲育雏室内的温度变化。通过预热也可以发现加热设备所存在的问题，便于及早解决。

（3）雏珍珠鸡的饲养环境条件控制　6周龄之前的雏珍珠鸡环境条件控制要求参考标准见表4。

表4　雏珍珠鸡环境条件控制参考标准

日龄	1～3	4～7	8～14	15～21	22～28	29～35	36～42
鸡体周围温度(℃)	35～33	33～32	32～30	30～28	不低于25	不低于23	不低于21
相对湿度（%）	65～68	65	60	57～60	57～60	57～60	57～60
光照时间(小时/天)	连续照明	22	20	18	17	16	15
光照强度(勒)	40	35	30	30	30	30	30
通风换气	中午前后打开门窗进行自然通风1～2小时	中午前后打开门窗进行自然通风1.5～3小时	中午前后打开门窗进行自然通风2～4小时	育雏室开启1～2台小风扇进行不间断排风	育雏室开启1～2台小风扇进行不间断排风	开启1～2台小风扇不间断排风，中午前后适当加大通风量	开启1～2台小风扇不间断排风，中午前后适当加大通风量
饲养密度(地面平养)（只/米²）	55	55	40	25	18	13	10

雏珍珠鸡舍内的温度、湿度、光照时间和强度随日龄的增大而减少（降低），但是这种下降是一个缓慢的变化过程，不能出现突然变化，以免造成雏珍珠鸡的不适应而引发疾病。15日龄后的通风要充分考虑人员进入育雏室内的感受，如果感到有刺鼻、刺眼的感觉就说明室内有害气体含量偏高，需要适当加大通风量。

（4）商品雏珍珠鸡的饲养要求　对于商品肉用珍珠鸡，饲养过程主要是追求较快的生长速度，使其13周龄前后的出栏体重达到最大。在20世纪90年代，珍珠鸡群的增重速度和耗料量情况见表5。

表5 商品珍珠鸡的增重速度

周 龄	2	4	6	8	10	12	14	16
平均体重（克／只）	55.7	126.7	227.1	384.7	528.1	690.2	798.6	869.4
耗料量（克/只·天）	7.5	19.8	34.8	58.4	84.6	104.4	120.2	124.9
累计耗料量（克／只）	88.2	290.5	713.6	1 441.8	2 529.5	3 934.4	5 610.9	7 357.4

经过10多年的选育改良，珍珠鸡的生长速度显著加快，表6反映的是近年来商品珍珠鸡的体重增长规律。

表6 商品珍珠鸡的增重速度

周 龄	1	2	3	4	5
平均体重（克／只）	92.68	179.6	294.4	416.0	556.6
周 龄	6	7	8	9	10
平均体重（克／只）	701.9	844.1	899.3	1 086.2	1 182.0

珍珠鸡生长速度的提高需要保证饲料营养的供给，因此在商品肉用珍珠鸡饲养中要注意饲料的营养水平。目前，可以使用蛋鸡育雏期饲料代替，也可以将蛋鸡雏鸡料和肉鸡饲料各半混合使用。15日龄以前的饲料最好是碎粒料（即将颗粒饲料再次破碎成半个绿豆大小的颗粒），以便于雏珍珠鸡的采食和消化。15日龄之后使用颗粒饲料，颗粒的直径约1.5毫米，长度4毫米，35日龄后饲料颗粒的直径约2毫米，长度4.5毫米。使用颗粒饲料比粉状饲料能够使肉用珍珠鸡的生长速度更快，饲料效率更高。

肉用珍珠鸡的喂饲方法，一般在15日龄前采用定时喂饲，15日龄后采用自由采食。定时喂饲期间，1～5日龄每间隔3小时喂料1次，6～15日龄每间隔3.5小时喂料1次；每次喂料的量以雏珍珠鸡在30分内基本吃完为度。自由采食的饲养方式是经常保持喂料系统内有一定量的饲料，如果使用料桶，一般每天添加1～2次饲料，每天让珍珠鸡把料桶内的饲料吃净一次即可，空桶的时间不能超过 2 小时。

使用料桶喂饲要注意将料桶用绳子吊挂在屋梁上，料盘的边缘高度与珍珠鸡的背部高度相等。

（5）商品珍珠鸡的饮水管理　与种珍珠鸡的饮水要求相同，即满足"清洁、充足"的基本要求。

（6）商品肉用雏珍珠鸡的管理要求　在商品珍珠鸡的管理方面应注意如下几点：

1）合理分群　采用笼养方式的珍珠鸡一般按照每个单笼放置珍珠鸡的数量确定其每个小群（笼）内珍珠鸡数量的多少。如果采用平养方式，6 周龄以前的雏珍珠鸡每个小群的数量以 300 只左右为宜，7 周龄以后至出栏期间每群的数量以 200 只左右为宜。

当能够辨别珍珠鸡公母的时候，最好能够将公珍珠鸡和母珍珠鸡分群饲养。

2）保持合适的饲养密度　可以参考种珍珠鸡育雏期和育成期的饲养密度。如果条件许可，饲养密度应稍小一些，有利于保持珍珠鸡羽毛的完整。

3）减少弱雏出现　日常管理中发现弱雏要及时从大群中隔离出来，放在弱雏专用圈或笼内，适当升高温度并通过饮水补充葡萄糖、复合维生素等，促进其康复。

（7）商品肉用雏珍珠鸡的卫生防疫要求

1）疫苗接种　出壳后的珍珠鸡要接种马立克疫苗，7 日龄前后接种新城疫和传染性支气管炎（H120）二联苗，14 日龄接种传染性法氏囊炎疫苗，22 日龄再次接种传染性法氏囊炎疫苗，30 日龄接种新城疫、支气管炎、流感三联疫苗，50 日龄接种新城疫、流感二联苗。

2）合理使用药物　出壳后连续 4 天通过饮水使用防治鸡白痢的药物，如阿米卡星等；15 日龄开始连续使用 4 天防治大肠杆菌病的药物，如庆大霉素、诺氟沙星、新霉素等。上市前 3 周内不能使用任何类型的抗菌药物。

3）加强消毒管理　鸡舍内、运动场要定期喷雾消毒，一般每周消毒 3 次；喂料和饮水用具定期清洗消毒；卫生工具每次使用后及时消毒。

3. 育肥阶段的饲养管理

肉用珍珠鸡的育肥阶段主要是指 7 周龄后到出栏这段时期，出栏时间一般在 13 周龄前后。

（1）育肥期肉用珍珠鸡的饲养方式

1）圈养育肥　使用带有运动场的有窗鸡舍，室内可以是网上平养也可以是地面垫料平养。在晴好无风的天气里在中午或上午让鸡群在室外运动场活动2小时，其他时间在鸡舍内。这种饲养方式珍珠鸡的羽毛完整、漂亮。

2）笼养育肥　一般使用青年鸡笼，这种方式饲养的珍珠鸡运动量较小，饲料效率高，增重快。但是，由于肉用珍珠鸡在笼养条件下可能会发生啄羽现象而造成羽毛不完整的问题。

（2）环境条件要求　育肥期的肉用珍珠鸡已经完成第一次换毛，青年羽生长完整，适应性较强。饲养环境的温度应控制在18～30℃，如果在10周龄后温度应不低于15℃，日常管理中主要是防止由于天气变化造成的温度突然下降。相对湿度控制为55%～60%，主要是做好防潮工作。育肥期如果采用带有室外运动场的平养方式，可以在珍珠鸡群到室外活动期间加大通风量，排出珍珠鸡舍内的污浊空气和湿气；温度较高的季节经常性地打开门窗或风机进行通风，低温季节在中午前后打开风机通风。每天的光照时间控制在14小时左右，自然光照不足的时候用灯泡补充照明；珍珠鸡舍内的光照强度不宜高，一般控制在20～35勒范围内。

（3）饲料与喂饲管理

1）饲料要求　与育雏期相比，在育肥期间所使用的饲料应适当提高能量水平，可以在肉用雏珍珠鸡饲料的基础上，每97千克饲料中添加3千克的碎玉米。

2）喂饲管理　每天喂饲配合饲料4次：早晨开灯后第一次喂饲，上午11点和下午2点各喂饲一次，晚上关灯前2小时喂最后一次。每次的喂料量应是在喂饲后约经过30分珍珠鸡群能够基本把饲料吃完。平养肉用珠鸡每天在室外活动时间不宜长，一般不应超过2小时，在室外运动场活动期间可以补饲一些青绿饲料。

为了促进饲料的消化，平养鸡舍内可以设置沙盆，内放一半深度的沙粒，沙粒大小与绿豆或小黄豆样。笼养肉用珍珠鸡每周补饲1次沙粒，每只鸡按7克喂饲，可以直接添加到料槽内。

饮水管理依然遵循"清洁、充足"的原则。

（4）分群饲养　每个小群的数量控制在200只左右，公、母肉用珍珠鸡各自组群，不能混养。每个群内珍珠鸡的大小、强弱要相似，这有利于提高肉用珍珠鸡的合格率。

（5）饲养密度 进入育肥期后公珍珠鸡群的饲养密度（按室内地面计算）控制为 5～6 只／米^2；母珍珠鸡群控制为 7 只／米^2 左右。

4. 出栏管理

当商品珍珠鸡饲养到 12 周龄之后就可以根据鸡的发育情况、市场价格等因素决定出栏时间。出栏前一定要与购买珍珠鸡的场家约定好时间和数量。

（1）抓鸡 根据一次销售的量确定每次如何抓鸡，如果有可能每个小群的珍珠鸡尽量一次售完。确定珍珠鸡的出栏时间后，在抓鸡前要把出售的小群圈在鸡舍内，当时不出售的珍珠鸡可以放到室外运动场。关闭珠鸡舍门窗和灯泡，使室内处于昏暗状态，以减轻抓鸡时珍珠鸡的跑动和飞蹿。抓鸡时可以用抓鸡网作为辅助工具。

（2）装筐 一般使用专用的塑料筐装鸡。从鸡舍内抓到珍珠鸡后用手握住其双腿，倒提，向筐内放鸡时先将珍珠鸡的头颈部放入，再轻轻地将体躯塞进筐内。每个筐内可以放 10～12 只珍珠鸡，放入珍珠鸡后要及时将筐上面的盖子盖好，防止珍珠鸡逃窜。

（3）防止珍珠鸡受伤 抓鸡时避免高声喧哗，尽可能减少鸡群受惊，最好用尼龙网将关在小圈内的珍珠鸡罩住，然后再抓。不要使用木棍、竹竿等去追赶珍珠鸡。

二、商品珍珠鸡的放牧饲养

1. 场地选择

饲养肉用珍珠鸡最关键的是要充分发挥珍珠鸡的野禽优势，着眼市场和紧跟消费者的需求心理，利用珍珠鸡野性大、觅食力强、耐粗饲等优点，合理采用山坡林地放牧饲养或农村零星闲置地散养等方式，充分优化珍珠鸡的肉质与野味，提高商品肉鸡售价，以减少饲养成本和增加经济效益。

利用林地放养珍珠鸡不仅能够有效利用林下空地、野草和虫子生产优质的珍珠鸡，同时在饲养珍珠鸡的过程中产生的粪便也能够为树木提供高效的有机肥。这是一种切实可行的生态种养模式。经营者可依据实际情况确定饲养规模，若大规模饲养宜选择各种荒山、林带、果园、丘陵等地搭建栏舍放养珍珠鸡。选择的场所要向阳背风、地势干爽、水源充足、排水良好，并且场地宽阔、交通方便、公害程度少和利于防疫，场地周围的野生饲料丰富。在选好的场地内搭建一定面积的育雏舍和生长鸡舍即可。若小规模饲养则可利用干扰少的房前屋后、坡头坡角等空地和农村闲置地，搭建与饲养规模相适应的简易鸡舍便可。经过适当调教与训练，珍珠鸡可与家鸡混养。

2. 放牧的优点

放牧是一种很好的珍珠鸡饲养方法，不但可以节省饲料，而且可以保持珍珠鸡的野性，提高珍珠鸡的肉蛋品质。放牧饲养珍珠鸡，省工、省力、省饲料；珍珠鸡群进入运动场活动，有利于珍珠鸡体格的生长发育，经常沙浴的鸡，皮肤健康，羽毛紧凑有光泽，不易感染皮肤病和其他疫病。珍珠鸡的体况检查见图110。

图110 工作人员检查放牧肉用珍珠鸡的体况

3. 肉用珍珠鸡放牧场地的基本条件

①放牧场与圈舍的距离以不超出300米为宜。②放牧场中的饲喂场地要平整，设置料桶、饮水器；有沙堆供其进行沙浴。③放牧要选择资源丰富、质量好的牧草地，能够为珍珠鸡提供充足的、营养丰富的青绿饲料。放牧场地最好分隔成若干部分以便于轮牧。④放牧场中要求没有受到化学、生物污染。⑤放牧场的一些地方栽种杨树、柳树、榆树等，以利于珍珠鸡遮阳、避雨等。⑥放牧地中间要有排水系统，保证雨后场地内的干燥，防止积水。珍珠鸡群放入牧场中经过1周时间即可熟悉整个牧地及四周环境。珍珠鸡是通过控制饲喂时间和饲料量来保证正常的放牧和收牧的。

4. 放牧设施

肉用珍珠鸡放养也需要一定的设施用于珍珠鸡的夜间或雨天栖息，用于日常的饲养管理。

（1）珠鸡舍　放养珍珠鸡也需要有鸡舍（图111），如果是长期固定的放牧场地，可以在场地一侧或中间修建珍珠鸡舍，一般采用有窗鸡舍。鸡舍常常使用小型鸡舍，每个鸡舍的面积在100米^{2}左右，可以饲养600只左右的珍珠鸡。

图111　放养珍珠鸡的鸡舍

如果是短期放养场地，则可以使用可拆装的简易鸡舍，能够在晚上和雨天为珍珠鸡群提供庇护即可。

（2）护网　在放养场地周围用尼龙网将场地围挡起来（图112），防止珍珠鸡到处跑造成丢失。护网是可移动的，围挡的场地面积约4000米^{2}即可。当珍珠鸡在这一片场地放养4～5天后，可以换一块场地围挡起来作为第二块放养地，4～5天后再更换一块场地，实行轮牧。

图112　放养珍珠鸡的场地护网

（3）料桶和饮水器（图113）　放养珍珠鸡的喂饲可以使用料盆和料桶，料盆可以用一般的洗脸盆代替，料桶使用5～10千克容量的大料桶。饮水器常常使用真空饮水器，容量为5～8升。

图 113　放养场地内的料桶和饮水器

5. 放牧训练与调教

　　雏珍珠鸡在育雏室饲养至8周，便转入育成舍饲养，这时可舍饲也可放牧。进入育成期的珍珠鸡摄食量逐渐增大，表现出向人要食、抢食的行为，此时不具飞行能力。因此，正是出牧训练的最佳时机。放牧前要训练珍珠鸡群听懂有关放牧信号与指令。

　　在第一次放牧出舍时，可采用"前诱后驱加信号"的出牧方式。前面一人手提有色育雏料桶作喂料状引诱鸡群前行，并配合使用原先固定的开食信号引诱珍珠鸡群前来吃食，另一人则在后面手执前端缚有红色布条的长竹鞭缓慢驱赶，耐心指挥着珍珠鸡上路到达放牧散养地点。傍晚收牧归舍时，可采取在归途中撒少许配合饲料的方法诱引并结合适当驱赶回舍。只要坚持下来，时间一长则会形成条件反射，日后就可以用固定的信号定时放牧和收牧了。

　　从雏珍珠鸡转入放养珍珠鸡舍后的当天开始，每天都要定时、定量、定点、定餐次喂食，每次饲喂开始时都应先发出开食信号（吹哨子等）后才喂料，吃完食后就把料桶收起，只留饮水器，保证饮水。以后自始至终都坚持用同一信号呼唤后便及时投料喂食，让珍珠鸡尽快建立条件反射。

　　具体操作方法如下：在圈舍去放牧场的道路两侧设食、水槽，由原来的饲养员诱导或驱赶出圈放养，饲喂由原来的4次改为3次，早上和中午均在圈外饲喂，傍晚要将珍珠鸡赶进圈内饲喂，夜间圈入舍内休息。以后除阴雨天均圈外放养，持续1周后，即可赶入最终放牧场中放牧饲养管理。育成期或非产蛋鸡的放牧的具体操作方法如下：每天清晨空腹出牧，赶入放牧场。上午7～8点时在放牧场饲喂，达八成饱即可，中午11点左右补料，喂六七成饱来控制归牧时间，傍晚日落前1小时归牧，在圈舍内喂第三次要使之吃饱。阴冷、雨天时要喂饱以御湿冷凉气的侵袭；夏季夜间可留鸡群在圈中宿营，春、秋和冬季均要圈入舍内休息，严禁在放牧场中野外过夜，以防天敌或养成习惯不利经管。育成期的驯化，能使珍珠鸡自觉出牧和归牧、活动自如，一般不发生伤害和逃逸，可以大大提高生产效果。

刚开始放牧时应"先近后远、先短后长"。每天就近放牧 2 次，每次1～2小时。随着日龄的增加，放牧次数和放牧时间依次增加，放牧场地也由近到远。放牧时间根据天气好坏决定，原则上每天放牧 8 ～ 10 小时（上午 8 ～ 12 点，下午 2 ～ 6 点）或采用全天候放牧散养，早出晚归。放牧时有专人看管，以防止珍珠鸡走远丢失和偷吃庄稼、果实等。

珍珠鸡生性胆怯，遇到某些应激因素（如突然声响、鲜艳色泽、突然黑暗和刺眼光亮、陌生动物或人等）易发生惊群飞逃现象。因此，在饲养过程中应注重珍珠鸡的培养胆量和抗应激能力。进入放养阶段后，每次投食后饲养员不应马上离开，应蹲在离珍珠鸡1～2米远的地方观看其饮食，有意让珍珠鸡与人多接触，并且让珍珠鸡雏鸡多接触一些色泽鲜艳的物体和特殊声响，逐步训练珍珠鸡与人的亲和力及抗应激能力，以壮大其胆量，便于日后放牧饲养。

6周龄以后的珍珠鸡开始训练其采食玉米、稻谷、小麦、麦皮、米糠等五谷杂粮和树叶、 野果、野杂草等，以利于日后放牧饲养时有效采食、节约成本。

对于采取平养带室外运动场方式育雏的珍珠鸡，在5周龄以后的珍珠鸡开始训练其舍外运动能力，见图114。方法是：在育雏舍周围用塑料网做围栏围成一个圆形的临时运动场，运动场面积与育雏舍面积相当。刚开始时选择晴天中午，打开育雏舍门让珍珠鸡自由到运动场内活动。对不懂出舍外活动和不懂归舍的珍珠鸡适当进行人工驱赶，调教数天，等到所有珍珠鸡都能自行出舍和入舍后，再将围栏加大，逐渐扩大活动面积，经过一段时间的活动调教，珍珠鸡已经能完全适应舍外环境并且活动能力大增后，即可把塑料网围栏撤除，让珍珠鸡在舍外自由活动，并逐步进行舍外放牧调教。

图114 雏珍珠鸡室外运动训练

6. 放牧肉用珍珠鸡注意事项

（1）放牧场地的选择

1）林地的选择 凡是成片的育林地、经济林地、防护林带、果园都可以分段划块放养珍珠鸡群。各个地块最好有崖、坡、沟或其他天然屏障隔开，否则容易造成鸡群迷路走失。如果没有天然屏障，则需要在所利用的林地周围用围网围起来以保证珍珠鸡不走失。果园和林地内放养珍珠鸡见图115、图116。

图115 果园内放养珍珠鸡

图116 林地内放养珍珠鸡

2）山沟场地的选择 一些山坡地也可以作为珍珠鸡的放牧场地使用（图117），要注意选定的放牧场地与周围农田、村庄保持800米以上的直线距离，减少相互之间的影响。放牧场地内要有较好的植被条件，能够为珍珠鸡提供丰富的野生饲料。在山沟放养珍珠鸡则要求沟底相对较宽，有充足的活动场所，并能够防止雨后山洪对珍珠鸡群造成危害。

图 117　在山坡放牧的珍珠鸡群

3）滩地的选择　一些河道旁边一年中有很多时间都是杂草丛生，只有汛期滩地才可能会被水淹。因此，对于河流、湖泊岸边的滩地只要避开每年的汛期，在其他时间都可以作为放牧肉用珍珠鸡的场所，见图118。

图 118　滩地放牧珠鸡

（2）放养场地内人工种草　在林地、果园行间种草或任其自然生草，可以提高地面覆盖度，减少水土流失，给珍珠鸡源源不断提供饲草饲料，见图119。以多年生草为好，以免每年播种，同时要求分枝分蘖多、再生性强、适应性强、适口性好。适用草种有豆科的白三叶、苜蓿，禾本科的野茅、无芒雀麦、黑麦草、早熟禾等。田间自然生的草，应根据珍珠鸡的食性，逐渐在日常管理中去劣和消灭毒草等。在初夏或雨季，趁墒在行间空地和周围播种矮秆小杂粮如荞麦、燕麦谷子等。这些作物在秋季成熟后能为珍珠鸡提供优质的籽实饲料来源。另外，在青草繁茂的草地中会有较多的金龟子、红蜘蛛、象甲、行军虫、枣尺蠖、蚂蚱、蟋蟀、毛虫、蜘蛛、蚯蚓等，这些都是珍珠鸡的优质活食。

图 119　珍珠鸡在种植牧草的果园觅食

（3）林地放养珍珠鸡的设施　放牧饲养珍珠鸡需要在林地的一边建造鸡舍，鸡舍门朝向林地，也有在林地中间的空地上建造鸡舍的，见图120。鸡舍内地面比舍外高30～40厘米，以保持舍内的相对干燥。鸡舍主要是为珍珠鸡群夜间休息和恶劣天气时在舍内活动提供条件。鸡舍的大小依鸡群规模而定。

图 120　建在林地中间的珍珠鸡舍

（4）放养时间管理　要求珍珠鸡需要在6周龄后才能放养到林地内，如果珍珠鸡日龄小则觅食能力差，体力不足，易受伤害，对环境变化的适应性差。同时，林地下能够为珍珠鸡提供的野生饲料资源一般在4～10月比较充裕。

第一批育雏可以考虑在2月和3月初进行。

（5）放养期间的饲养管理　在放养地点放置专用的饮水器（图121），及时添水，保持清洁。为防暴雨侵袭，在各放养地段盖小屋或搭建凉棚作为避雨场所。用具尽量是红色的，以便让珍珠鸡认清目标，防止迷路。

图121　放牧场地内的水盆

林地养鸡要注意放养密度、规模、放牧时期及管理。放养密度应按宜稀不宜密的原则，一般每亩林地放养50只左右。密度过大会因草虫等饲料不足而增加精料饲喂量，影响珍珠鸡肉的口味；密度过小则浪费资源，生态效益低。放养规模一般以每群300～700只为宜，采用全进全出制。放牧时间视季节、气候而定。按"早半饱、晚适量"的原则确定补饲量。即上午放牧前不宜喂饱，放牧时珍珠鸡通过觅食小草、虫、蚁、蚯蚓、昆虫等补充。夏季晚上，可在林地悬挂一些白炽灯，以吸引更多的昆虫让珍珠鸡群捕食。同时，有条件的林地要根据珍珠鸡的大小，划定养殖区域，进行分区轮牧，既可使珍珠鸡得到充足的天然食物，又可有效地保护林地内资源，使林地得到可持续利用。

（6）补饲　每天给料次数及喂料量随年龄而异。在青绿饲料供应良好的情况下，精饲料的补饲量参考表7。

表7　放牧珍珠鸡的参考补饲量（克/天·只）

周龄	6	7	8	9	10	11	12	13
补饲量	49	56	65	69	77	82	88	88

补饲也是训练放养珠鸡群归舍的重要措施，要把补饲的精饲料量的50%放在傍晚时间在珍珠鸡舍内喂饲，这样让珍珠鸡形成条件反射，每当黄昏时分都会自动回舍采食，见图122。早晨放牧前饲喂补饲量的30%，白天其他时间零星补饲20%。

图122 放牧珍珠鸡群的补饲

（7）放牧管理要求　在放养期间，要注意每天收听天气预报，密切注意天气变化。遇到天气突变应及时将珍珠鸡群赶回鸡舍，防止珍珠鸡受寒发病。为使珍珠鸡群定时归巢和方便补料，应配合训练口令如吹口哨、敲料桶等进行归牧调整。在果树喷药防治病虫害时，应先驱赶珍珠鸡群到安全地方避开。若是遇到雨大，可避开2～3天；若是晴天，要适当延长1～2天，以防珍珠鸡食入喷过农药的树叶、青草等中毒。未分区轮牧的珍珠鸡群出栏后，应对果园进行清理，空闲一段时间再养。

（8）防止野生动物危害　放牧的珍珠鸡可能会受到猛禽、蛇、野生食肉动物甚至狗的伤害，见图123。工作人员在珍珠鸡群放到场地后要定时巡视，发现有可能危害珍珠鸡的野生动物要及时驱赶。

图123　鹰在捕食放养场地内的珍珠鸡

7. 催肥

放养的珍珠鸡在出售前10～15天应减少每天的室外活动时间，可以每天上午、下午室外活动各1小时，其他时间圈在舍内。这个时期减少青绿饲料的喂饲量，增加精饲料的用量以促进珍珠鸡体重的快速增加。

催肥阶段的参考饲料配方为：玉米60％、小麦 8％、豆饼19％、花生饼2％、鱼粉2％、草粉5％、贝壳粉1.5％、骨粉1.3％、氯化钠0.4％、赖氨酸0.3％、复合微量元素及维生素添加剂0.5％。

研究表明，补饲用的日粮蛋白质水平为21％时，6～12周龄肉用珍珠鸡的平均日采食量最大，日增重最高，料肉比最低。表8为某肉用珍珠鸡场的生产性能测定。

表8　某肉用珍珠鸡场的生产性能测定

周龄	体重（克）	日增重（克）	累计耗料量（克）	料肉比
1	80	7.3	80	1.08：1
2	140	8.6	190	1.40：1
3	240	14	390	1.65：1
4	350	16	650	1.85：1
5	490	20	950	1.93：1
6	630	20	1 310	2.08：1
7	760	19	1 680	2.21：1
8	890	19	2 090	2.35：1
9	1 025	19	2 530	2.46：1
10	1 165	19	2 980	2.57：1
11	1 300	20	3 460	2.66：1
12	1 430	20	3 940	2.75：1
13	1 525	14	4 430	2.90：1
14	1 605	11	4 930	3.07：1

周龄	体重（克）	日增重（克）	累计耗料量（克）	料肉比
15	1 675	10	5 460	3.26：1

珍珠鸡的皮肤呈灰色，若在其饲料中加入适量的天然色素（黄玉米、玉米谷蛋白、苜蓿粉、红辣椒等）或阿朴胡萝卜素脂、斑蝥黄等人工色素，可使皮肤出现橙黄色而受到消费者的喜爱。

为提高珍珠鸡胴体的肥满度和加快其育肥速度，平时除供给普通饲料外，还可以在日粮中加入1%～2%的动物油脂或加喂整粒玉米，以加快珍珠鸡育肥速度和提高育肥效果，见图124。饲喂鲜活的鱼虾、昆虫等有助于改善肉的品质。另外，上市销售前还可根据客户需求采用中草药（干辣椒600克、甘草1 150克、姜粉1 150克、茴香350克、五加皮1 150克、硫酸亚铁600克，混合共研末拌料喂给，每2天喂1次，每次每只鸡喂0.5～1克）进行人工催肥，以改善肉质肉味，提高经济效益。

图124　出售前的催肥

8. 适时出售

合适的饲养期是提高肉质和养殖效益的重要环节。对于放养的商品肉用珍珠鸡，合适的饲养期为180日龄以上，待其肉质丰满、野味浓郁并且体重达1.5～2千克以上时出售，此时珍珠鸡的体重与肉中营养成分、鲜味素、芳香物质的积累基本达到成年珍珠鸡的标准，肉质又较嫩，是体重、质量、成本三者的较佳结合点，销路广，价格也高。

三、商品珍珠鸡的采毛

羽毛是珍珠鸡养殖的重要副产品，如果能够利用好羽毛也能够给养殖者增加效益。目前，市场上珍珠鸡羽毛销售价格约为 70元/千克，加工后的羽毛价格 0.1～0.15 元/根。

1. 珍珠鸡羽毛的用途

珍珠鸡羽毛主要是用作装饰品材料，如用作衣帽的装饰品（羽毛吊坠）、珍珠鸡羽毛耳环、珍珠鸡羽毛布条、羽毛布带等，见图125、图126。

图 125　染色后珍珠鸡羽毛

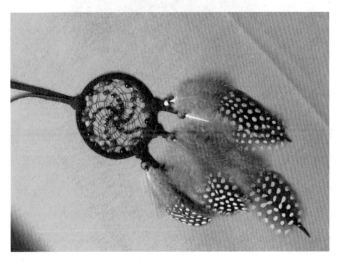

图 126　珍珠鸡羽毛饰品（挂件）

用作装饰品材料的珍珠鸡羽毛主要是片羽（正羽）（图 127）和翅羽（图128）。其他类型的羽毛基本没有被使用。

图 127　珍珠鸡的片羽

图 128　珍珠鸡的翅羽

珍珠鸡刚出壳时全身是灰褐色的绒羽，2周龄时羽毛颜色加深，3周龄时翅膀上的羽毛开始出现白色圆点，4周龄时颈部和背部羽毛出现白色圆点，5～6周龄时随珍珠鸡体格变大其腹部、背部羽毛呈黑色，其上面的白色圆点更明显，9周龄时全身羽毛布满白色斑点，如同珍珠一样。

2. 珍珠鸡可以采毛的条件

用于采毛的珍珠鸡（图129）应符合如下条件：在10周龄以后，成年羽毛已经长成；处于非繁殖期以及开产前的7周内；健康，羽毛完整、光洁。如果健康状况不佳的珍珠鸡不能采毛，否则可能加重病情甚至引起死亡；采精的珍珠鸡羽毛可能被微生物所污染，也不能采毛。

图129　适宜采毛的珍珠鸡

进入开产前7周不能采毛，否则会使开产日期推迟；繁殖期的珍珠鸡采毛会造成鸡群停产，甚至出现疾病。

珍珠鸡采毛后大约经过7周新的羽毛能够生长齐，再经过3周的成熟过程就可以进行下一次采毛（即两次的采毛间隔为10周）。但是，由于受饲料、环境等因素的影响，珍珠鸡新羽毛的生长速度会存在差异。在准备采毛前可以先在其体侧拔几根羽毛，观察其毛根的情况，如果容易拔出，而且拔出后毛根不带肉芽，毛根颜色为灰白色，则说明到了可以拔毛的时期。

3. 采毛方法

（1）采毛前的准备　把要采毛的珍珠鸡抓住放在塑料筐内，不能临时抓鸡；准备几个大塑料袋，用于盛放羽毛；采毛的房间打扫干净，采光要好；准备几个小凳子，工作人员坐在凳子上采毛。

（2）采毛用具　主要是盛放羽毛的塑料袋。

（3）采毛部位　珍珠鸡的背部、胸部、腹部、体侧部、颈部下段表层的片羽都可以采。颈部中上段、尾部、腿部的羽毛不采。翅膀上的大毛1年采1次，不能多采。

（4）采毛操作　有双人操作和单人操作两种方法。

1）双人操作　助手（保定鸡者）从筐内取出一只珍珠鸡并坐在凳子上，一手抓住双腿、一手抓住双翅，让珍珠鸡侧卧在助手的腿上。采毛者蹲在助手前面进行采毛，采下的羽毛放入塑料袋。采毛时捏住毛柄向外拔，一次捏1～3根，捏的多容易使毛柄折断，也可能造成皮肤损伤。拔完一侧后把珍珠鸡身体翻过来再拔另一侧。拔完后将珍珠鸡放入另一个筐内，待拔有10只左右时将拔毛后的珍珠鸡放入鸡舍。

2）单人操作　操作者从筐内取出一只珍珠鸡，抓住双翅，然后坐在凳子上。用夹子夹住双翅上的大毛以固定翅膀；一只手握住双腿，将珍珠鸡放在操作者腿上，另一只手进行拔毛操作。

（5）注意事项　采毛过程中减少珍珠鸡的惊吓和外伤；每次拔毛时少捏几根，避免拔断；将断毛拣出，集中丢弃，断毛没有经济价值；拔毛前 3～4 小时停止饲喂，减少拔毛期间嗉囊中的食物倒流；如果出现皮肤外伤要及时用酒精消毒，染有血液的毛不要拔。

4. 采毛后的饲养管理

采毛对于珍珠鸡来说是一种较强的应激，尤其是第一次采毛时珍珠鸡的应激反应会比较强烈。因此，加强采毛后珍珠鸡的饲养管理是减轻应激反应、保证珠鸡群健康的重要措施。

（1）保持珍珠鸡舍内的卫生　采毛后珍珠鸡的毛孔处于开放状态，如果鸡舍内卫生条件差则可能会造成种珍珠鸡的感染。因此，在采毛前 2～5 天要将珍珠鸡舍打扫干净，垫料要更换为新的。采毛前 1 天、当天和之后 3 天，每天要喷雾消毒 1 次。

（2）减少室外活动　采毛后 3 天内尽量不要让珍珠鸡到室外运动场，避免沙浴过程中毛囊感染。4 天以后毛囊完全收缩，新毛开始进入毛囊才可以让珍珠鸡到室外活动。

（3）注意补充营养　羽毛的主要成分是蛋白质，采毛后的珍珠鸡要长新羽毛，需要较多的蛋白质供应。在采毛后的 3 天内主要以精饲料为主，4～10 天要保证精饲料的喂饲量，一般比平时的用量增加 15% 左右。

（4）降低鸡舍内光照强度　采毛后的 10 天内鸡舍内使用弱光照，减少珍珠鸡之间的啄斗。因为，在新羽毛初生时期珍珠鸡会感觉到皮肤发痒，常常自己啄毛并引来其他珍珠鸡啄毛，造成皮肤被啄伤。在采用弱光照的同时还要加强鸡舍内的巡视，及时驱赶啄毛的鸡。

5. 羽毛整理

采集的珍珠鸡羽毛要及时整理，将同类型、大小相似的羽毛放在一起，每撮 30 根用橡皮筋捆扎，整齐地码放在干净的塑料箱内待售。

专题九
珍珠鸡常见病防治

专题提示

珍珠鸡常见的疫病有细菌性疾病、病毒性疾病及寄生虫病等几类。要及时对珍珠鸡注射疫苗（菌苗）以预防疾病的发生，加强日常的卫生管理、消毒和合理使用抗菌药物。

一、细菌性疾病

1. 沙门杆菌病

沙门杆菌感染是指由多种不同血清型沙门杆菌感染后所引起的不同临诊症状表现的一类疾病之总称，各种家禽、珍禽和野鸟都能感染发病。珍珠鸡受侵染后，主要为白痢杆菌病和副伤寒，均属重要的蛋传递性疾病。禽沙门杆菌病在世界各地普遍存在，对珍珠鸡业的危害性很大。

（1）白痢杆菌病　珍珠鸡白痢杆菌病是由不具运动性的鸡白痢沙门杆菌引起的一种以白色腹泻为特征的急性或慢性传染病。鸡白痢沙门菌具有高度适应专一宿主的特点，可引起雏鸡的急性败血症，多发于 2 周龄以内的雏鸡，且发病率和死亡率很高，成年鸡亦可被感染，常导致母鸡产蛋减少，生殖道畸形，体质量下降，也导致孵化率和出雏率明显下降，但多为慢性或隐性。常因饲养环境卫生差、密度大、过冷过热、潮湿、饲料粗劣等而促使本病的暴发。本病主要经消化道的途径横向传播，亦能经种蛋而垂直传播，感染种蛋孵化时，一般在孵化后期或出雏器中可见到已死亡的胚胎和即将垂死的弱雏。孵化了带菌的种蛋，雏鸡出壳 1 周内就可发病死亡，对育雏成活率影响极大。育成期虽有感染，但一般无明显临床症状，种鸡场一旦被污染，很难根除。传染环节为：母鸡→种蛋→雏鸡→商品鸡。

雏、幼鸡发病多呈急性和亚急性经过。病雏精神沉郁，怕冷扎堆，缩颈呆立，闭眼昏睡；呼吸困难，减食或废食；白色黏糊样或白色石灰浆状下痢，肛周羽毛黏附粪污并发出痛苦的叫声，肛门周围羽毛被稀粪黏结，堵塞肛门常称"糊肛"。剖检可见肠炎，泄殖腔内充满白色黏糊样粪便；肺背面散布绿豆大小的灰白色结节样病变，类似的结节样病变亦可见于心脏和肝脏。成鸡感染后，可突然发病，并在出现下痢后数天内死亡，发病率可达 10% 左右，但更多的是成为慢性带菌者。3 周龄以上病鸡死亡较少，成年鸡主要表现消瘦、产蛋下降。发病鸡消瘦，精神委顿，羽毛松乱，采食锐减或废食；腹泻，粪便呈绿色或白色水样，恶臭。剖检可见肉芽肿结节，肝稍肿大，土黄色，散布灰白色小坏死灶，心肌色淡、柔软，脾肿大、质脆；卡他性肠炎，盲肠肿胀，肠壁增厚，黏膜充血、出血和脱落；卵巢和输卵管萎缩，卵泡血管充血扩张，内容物变性。主要临诊症状分别见图 130 至图 133。

图 130　因白痢死亡的雏珍珠鸡

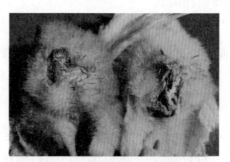

图 131　白痢引起的肛门黏粪

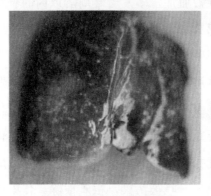

图 132　白痢引起的肺部病变

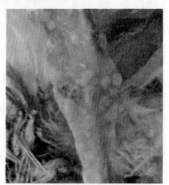

图 133　白痢引起的肠道变化

实验室诊断

取肝脏坏死灶与白痢结节进行病理组织学检查：局部组织坏死崩解、淋巴细胞、浆细胞、异嗜细胞、成纤维细胞浸润增生。将病、死鸡的心、肝、脾、肺、卵巢等器官采集的病料，接种于普通琼脂培养基进行细菌学诊断。24小时后，可长出边缘整齐、表面光滑、湿润闪光、灰白色半透明、直径为1厘米的小菌落。取待检鸡血与诊断抗原进行平板凝集试验。

防　治

鸡场应定期对白痢病进行检疫。对检出阳性病鸡应隔离治疗，但种鸡必须淘汰。治疗鸡白痢的药物较多，选用时应注意细菌的耐药性问题，最好先做药敏试验，选择有效药物。

预防措施

采用不断检疫种珍珠鸡群和淘汰阳性珍珠鸡的方法是检疫和保持无白痢珍珠鸡群的有效措施，也是控制该病最有效的措施。同时，建立无白痢种珍珠鸡群，在不接触感染珍珠鸡群的条件下孵化和饲养后代也是控制该病的关键。白痢沙门杆菌传染源主要为病珍珠鸡和带菌珍珠鸡，传播途径有水平传播和垂直传播。带菌公珍珠鸡可通过精液将病原传给母珍珠鸡，因此公鸡的白痢净化尤为重要。对种珍珠鸡的鸡白痢净化和对种蛋彻底进行消毒是控制该病发生的重要措施，对预防初生雏珍珠鸡白痢尤其重要。出壳雏珍珠鸡用敏感药物预防性加药有很好的控制作用。

种鸡鸡白痢净化：开产前1次，产蛋高峰1次，在300多日龄时再检疫1次。可采用快速平板凝集法全群检疫，淘汰阳性鸡；可疑鸡经处理后复检，阳性者淘汰，阴性者可作种用。在每次检疫时先预检，若全群阳性率在1%以上时要全部检疫。公鸡每次要全部检疫。

坚持自繁自养，如确需引进，而须对引进珍珠鸡场进行鸡白痢检测咨询，确定为无鸡白痢鸡群后，方可引进。

对种蛋进行严格的熏蒸消毒。加强育雏期卫生，定期对环境及各种育雏器械进行消毒，以便杀灭环境中的细菌。

各种应激因素：如饲养密度大，长途高温或低温运雏，通风不良，舍内温度过高或过低，卫生条件不良，饲养管理不善等，都可诱导鸡的发病。应减少应激因素，改善饲养管理，提高育雏鸡营养水平，加强珍珠鸡的抵抗力。

雏鸡、产蛋鸡、种鸡不要乱投药，应根据药敏试验的结果选择敏感药物防治鸡白痢病，注意地区耐药菌株的出现，要定期给种鸡投药，加强鸡舍消毒，消除沙门杆菌的带菌污染。若其中有一个种鸡场白痢净化后未进行鸡舍消毒，结果不出一个月必将导致鸡白痢的污染，重测时白痢阳性率增高。

在刚出壳时雏珍珠鸡进行敏感药物注射或饮水预防雏鸡白痢，有很好的预防效果，一般在 1～5 日龄和 7～10 日龄时各加药 1 个疗程。

（2）副伤寒　珍珠鸡副伤寒是由多种具有运动性的沙门杆菌（其中最常见的是鼠伤寒沙门杆菌）引起的一种传染病。所有家禽、珍禽和多种野鸟都具易感性，且能相互感染，并能传染给人，是引起人类食物中毒的主要原因之一，本病主要经消化道途径感染，鼠类和苍蝇等在本病的传播上也具有重要的作用。病菌能够进入蛋壳进行间接传播，该种情况的鉴别需要一定的时间完成，通过将病毒分离和鉴定来实现。饲料是很重要的新传播途径，其中分离到沙门菌的诊断药盒在国外已有出售，在国内也取得了从饲料中分离到沙门杆菌的血清型与从垫料和加工过的珍珠鸡胴体中分离到的存在显著相关的进展。

临诊症状和病理变化

本病主要发生于 2 月龄以上的珍珠鸡，发病率和死亡率分别可达30%以上和 10%～15%。病鸡群通常首先出现水样下痢，1～2 天后即出现侧卧倒地，一侧瘫痪，行走摇晃等神经症状，并出现死亡。眼观病变主要是肝肿大瘀血，色泽变深；心尖变圆，心肌变性、色淡；肾稍肿胀或不肿胀，肾小管有尿酸盐沉积；小肠黏膜充血，卡他性肠炎；脑组织轻度水肿和灶性软化。副伤寒引起的肝脏、肾脏病变分别见图134、图135。

图 134　伤寒引起的肝脏病变

图 135　副伤寒引起的肾脏病变

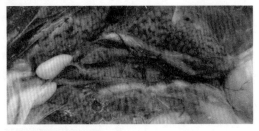

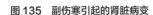

诊　断

依据发病情况、症状和剖检病变可做出初步诊断。因白痢杆菌病和副伤寒颇相类似，进一步确诊需进行病原的分离和鉴定。

防　治

药物治疗能够降低珍珠鸡的死亡率，但是治愈的珍珠鸡也是病菌的携带者，仍然会排放病菌。因此应从珍珠鸡的引入渠道以及饲养管理入手，以降低感染概率。

抗菌药物对本病都有治疗和预防作用，但大都不能完全杀灭病原菌，以致康复后仍可长期带菌。在感染前用药可减少泄殖腔棉拭子的阳性分离率。萘啶酸是最有效的药物，其次是庆大霉素、磺胺二甲基嘧啶和氯霉素。有些药物实际上可增加沙门菌的排出量。为保证疗效，有条件时最好先做药敏试验，并依据其结果选用敏感药物，联合或交替使用两种或两种以上的药物。

国外虽然已有试验性的弱毒菌苗和灭活菌苗用于鸡沙门杆菌病的预

防，并取得了可喜的效果，但尚需进一步试验。预防措施主要包括：建立和培育无病健康种群，实行自繁自养和全进全出的饲养方式；从非疫区、信誉好的种场引种或购苗；及时收集种蛋，及时消毒，认真做好孵化间、孵化器和有关用具的卫生消毒；加强日常饲养管理，保证饲料和饮水的新鲜、卫生，搞好舍内外的环境卫生和消毒，于好发日龄期间，在饲料或饮水中添加半量的治疗药物以预防。

2. 巴氏杆菌病

本病又称禽霍乱、禽出败，是由禽多杀性巴氏杆菌所引起，多种家禽、珍禽及野鸟都能感染发病，珍珠鸡也不例外。本病主要侵害成年珍珠鸡，可造成较大的损失。

临诊症状和病理变化

各种龄期的珍珠鸡都有易感性，但临诊发病多见于3月龄以上的珍珠鸡。发病初期，病鸡无明显症状而突然死亡，而多数表现精神沉郁，废食嗜睡；严重下痢，排黄色、灰白色或绿色稀粪，病程较短，1～2天内死亡。慢性型呈鼻炎症状，逐渐消瘦、贫血，有关节炎及关节脓肿，切开有干酪样物质，死后呈角弓反张。剖检病变可见内脏器官、胸腹膜及脂肪组织的斑、点状出血；卡他性－出血性肠炎，尤以十二指肠更为严重；肝瘀血肿大，表面弥漫性散布针尖大小的灰白色坏死点，见图136。蛋珍珠鸡产软壳蛋、血斑蛋。

图136　巴氏杆菌引起的肝脏病变

根据流行病学、临床症状、剖检变化可做初步诊断，也可采病死珍珠鸡的肝脏心脏涂片，用姬姆萨或碱性亚甲蓝染色剂染色，镜检。当发现有大量的两极染色的革兰阴性小杆菌时，可做出初步诊断。最后确诊须进行病原分离培养、鉴定和动物接种试验。

预防珍珠鸡巴氏杆菌病的关键是做好日常饲养管理工作，增强珍珠鸡的机体抵抗力。由于该病的病原菌为条件性病原菌，因此加强圈舍的环境管理，改善珍珠鸡的饲养管理，能够有效降低发病率。养殖期间应严格养殖消毒工作，尽可能做到自繁自养、全进全出。每次全群离场后应对饲养场地做全面的消毒，并短暂空置。对由场外购进的种珍珠鸡隔离饲养半个月，如无异常情况再混群饲养。

抗菌药物对本病都有治疗和预防作用，为保证疗效，有条件时最好先做药敏试验，并依据其结果选用敏感药物，联合或交替使用两种或两种以上的药物。现已有禽霍乱弱毒菌苗和灭活菌苗可供预防接种，但因其血清型较多，且免疫期较短，故免疫保护可能不甚理想。以本场分离菌株制备的灭活菌苗进行接种，免疫效果常较理想。

3. 大肠杆菌病

大肠杆菌病是由多种血清型的大肠杆菌引起的一种细菌性传染病，临诊多以败血症的形式出现，各种龄期的珍珠鸡都有易感性，其中以幼鸡和育成鸡发病较为严重，有时可引发严重的死亡。本病常继发或并发其他疾病，此时病情更为复杂，死亡增多。大肠杆菌在自然界分布很广，病鸡和带菌鸡是主要的传染来源，病菌主要经消化道和呼吸道侵入易感鸡而引发感染。饲养管理不良，卫生水平低，气候骤变，因营养、疾病等原因所致机体抵抗力降低，以及种种的应激等均与本病的发生及其严重程度有密切关系。

病鸡精神不振，羽毛松乱，闭眼呆立，叫声稀少；采食减少或废绝，饮欲增强；腹泻，排黄棕色、黄白色或绿色稀粪，有时呈水样，味恶臭。部分病鸡，尤其是产蛋鸡，腹部膨大下垂，触之有波动感。本病常并发病毒性感染，使之病情加重，死亡增多。与家鸡和鸭的大肠杆菌病病例相似，本病最常见的眼观病变是纤维素性心包炎、肝周炎和气囊炎。此外，还可见卡他性肠炎，小肠肠壁变薄，肠腔内含恶臭之水样内容物；腹水形成，产蛋珍珠鸡常有卵黄性腹膜炎。肝脏病变、卵泡病变见图137、图138。

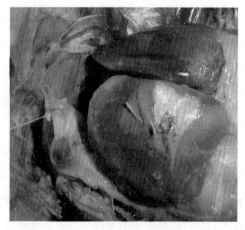

图 137 大肠杆菌引起的肝脏病变

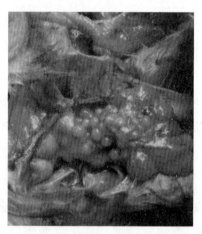

图 138 大肠杆菌引起的卵泡病变

诊　　断

根据临诊症状和剖检病变可以做出初步诊断，但确诊有赖于病原的分离和鉴定，以及动物发病试验。可从病鸡体内分离的细菌接种于麦康琼脂培养基上，经18～24小时培养后可长出圆形、光滑隆起而湿润的红色菌落，可做出基本诊断。进一步确诊时可用 O 血清或抗 OK 血清鉴定其血清型。

防　　治

该病的暴发与外界各类不良的应激因素有着密切的关系，因此在对该病预防时应加强对珍珠鸡群的饲养管理，提升饲养管理水平，改善饲养环境，做好珍珠鸡舍的通风换气工作，开展常规性消毒工作，认真落实鸡场兽医卫生防疫措施，切断疫病流行传播途径。选取本地区流行血清型制备灭活菌苗进行接种，能收到良好的防制效果，如适当结合药物预防则效果更佳。

目前，我国珍珠鸡场对于大肠杆菌病的控制主要是采取药物防治的方式。对于垂直感染大肠杆菌病的珍珠鸡群应该在珍珠鸡苗刚出壳后即采取 4～5 天的药物治疗；如果是生长期的珍珠鸡群，要控制大肠杆菌病也应该选择相应的敏感药物，临床应用可见效果非常好。而处于育雏期的珍珠鸡群，采用药物控制大肠杆菌病最合适，可收到比较良好的效果。但是目前用于预防鸡大肠杆菌病的药物太多，而且市场比较混乱，在药物选择时常出现滥用、重复、超量、超次数用药的情况，因此选择用药的时候应该根据鸡场的具体情况正确选择合适的药物，保证药物发挥疗效。鸡场如果需要给鸡群选择新的药物，就必须先进行药物敏感性实验，得到结果之后给鸡群进行过敏性试验后再大范围的全面应用这种药物进行疾病治疗。因大肠杆菌极易形成耐药性，为保证疗效，应通过药敏试验和结合用药史，选用高敏药进行治疗，且剂量要足，并要有一定的疗程。中药治疗大肠杆菌病的效果也不错，特别是几年流行的中药发酵益生菌，能够改善免疫机能，提高动物抵抗力，且几乎没有抗药性，无残留，无副作用，将其用于防治珍珠鸡大肠杆菌病很有研究价值。

4. 溃疡性肠炎

珍珠鸡溃疡性肠炎是由肠道梭菌引起，肠道梭菌为革兰阳性大杆菌，单个菌，多形态，呈杆状或稍弯，两端钝圆，菌体近端见芽孢，有周鞭毛，无荚膜。本菌耐热耐低温，一般消毒药不易将其杀灭。

流行特点

本病主要通过粪便传播，禽采食了被污染的饲料、饮水及垫料而发病。饲养管理不善等均可诱发本病。主要发生于夏秋季节的蛋珍珠鸡，而

2017年春季在各地时有发生，呈零星散发或爆发，多见于6～12周龄的育成鸡。此病还可继发于其他传染病。严重影响珍珠鸡群健康，吞噬养殖户的利润，应引起同行足够的重视。

临诊症状和病理变化

急性病珍珠鸡多突然死亡。慢性表现精神不振，食欲下降，倦怠无力，喜扎堆，羽毛蓬乱无光，眼半闭，少活动，胸肌萎缩，逐渐消瘦；排出带黏液的黄绿色或淡红色稀粪，且恶臭。雏珍珠鸡死亡率很高，2%～10%。如并发球虫病时，可见血性下痢。病程较长者，贫血消瘦，肉髯苍白。自然感染后恢复的病珍珠鸡，产生主动免疫力。

眼观特征性病变主要见于肠道。肠黏膜脱落，如淡白色芝麻或白瓜子状的溃疡灶；出血性溃疡性肠炎，肠黏膜脱落，如淡白色糊状的血性假膜，散在性分布圆形或椭圆形溃疡灶，溃疡可深达肌层，甚至穿透肠壁，并引发腹膜炎，见图139。肝肿大，脾极度肿大，偶亦见坏死灶。

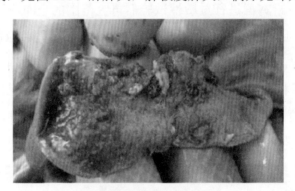

图139　溃疡性肠炎的肠道病变

诊　　断

根据临诊症状和典型的肠道和肝脏病变可以做出初步诊断，用病变肝组织涂片、镜检，发现革兰染色阳性大杆菌、亚极位芽孢和游离芽孢，则诊断更为确实。必要时，可进一步做病原的分离和鉴定。采集病死珍珠鸡病料接种于鸡胚卵黄囊，在接种后48～72小时致死鸡胚，用胚卵黄囊涂片，染色镜检做诊断。

防 治

（1）加强管理，搞好卫生　预防本病最根本的措施就是加强管理。由于本病菌广泛存在于环境中，病珍珠鸡、带菌珍珠鸡是主要传染源，它通过粪便传播，珍珠鸡采食了被污染的饲料、饮水及垫料而发病。　因此管理中的重点就是及时清理粪便、垫草，定期对珍珠鸡舍和用具喷雾消毒，以减少或消灭传染源，切断传播途径。

（2）做好预防性投药，提高免疫力　通风不良、潮湿拥挤、卫生差、饲料霉变、球虫病、机体抵抗力差均是致病诱因。因此定期驱虫和药物预防，提高抵抗力等是消除诱因的关键措施。

（3）一旦发病，及时投放高敏药　肠道梭菌能形成芽孢，对外界抵抗力强，长期污染珍珠鸡舍，不易控制和扑灭，使疫病长期蔓延。因此鸡群一旦发病，应立即选用高敏药物及时治疗，避免盲目用药，延误病情。

类症鉴别

临床诊断中，溃疡性肠炎往往与盲肠肝炎、球虫病和坏死性肠炎相混淆，应注意鉴别。盲肠肝炎的特征变化是盲肠内容物干酪样同心圆栓塞状；肝脏中心凹陷、边缘隆起，呈淡黄色或淡绿色、铜钱样大的溃疡灶。球虫病常继发于溃疡性肠炎或与其混合感染，它不引起肝的灶性坏死以及脾的肿大和出血。可通过粪检，是否有无球虫进行鉴别。坏死性肠炎由魏氏梭菌引起，以小肠后段黏膜坏死为特征，肝和盲肠很少有病变。空肠和回肠扩张，肠壁菲薄，其内充满气体，有时肠黏膜也有出血斑点，但不突出于黏膜面。在肝组织涂片中，溃疡性肠炎病料可见到菌体和芽孢，而坏死性肠炎仅见有菌体。

5. 绿脓杆菌病

珍珠鸡绿脓杆菌病是由绿脓杆菌引起的以下痢和急性死亡为特征的一种

细菌性疾病。饲养管理不善，环境卫生不良，强烈应激，皮肤、黏膜损伤等都易诱发本病。以拉稀、呼吸困难、皮下水肿为特征。不但幼龄珍珠鸡易发生本病，3月龄以上者亦可发生，10日龄内的雏鸡危害最严重，且死亡率较高，可达30%以上，发病无明显季节性。我国流行的珍珠鸡绿脓杆菌主要是血清Ⅳ型，属于IATS9型。本病近年来在各地时有发生，已成为威胁珍珠鸡发展的主要疾病之一。

临诊症状和病理变化

病鸡精神委顿，体温升高，腹部膨胀，手摸软而无弹性，吃食减少或废绝，拱背毛松，闭眼呆立，运动失调，站立不稳；严重下痢，初期排白色稀粪，后转为褐色或绿色，肛门水肿外翻，周围被粪便污染；病程较短，病后1～3天内死亡。表现跗关节和跖关节明显肿胀、微红，跛行，严重者不能站立，以跗关节着地；有的病鸡眼周围发生不同程度水肿，水肿部破裂流出液体，形成痂皮，眼全闭或半闭，流泪；颈部皮下水肿。严重病鸡两腿内侧部皮下也见水肿。病程较短，通常在腹泻症状出现后1～3天内死亡。

珍珠病鸡颈部、脐部皮下呈黄绿色胶冻样浸润，肌肉有出血点或出血斑。内脏器官不同程度充血、出血。肝肿大或不肿大，质脆，表面布满突出、绿豆大小的黄白色化脓性钙化灶，并附有绿色素（图140），个别病灶周边如葵花状；胆囊充盈；脾肿大，散布针尖大小的灰白色坏死点；肾肿大，表面有散在出血小点，肾小管尿酸盐沉积；肺脏充血，有的见出血点，肺小叶炎性病变，呈紫红色或大理石样变化；心冠脂肪出血，并有胶冻样浸润，心内、外膜有出血斑点；腺胃黏膜脱落，肌胃黏膜有出血斑，易于剥离，

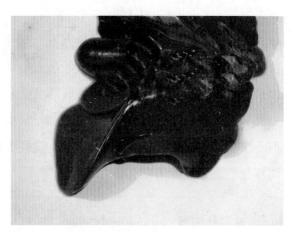

图140 绿脓杆菌引起的肝胆病变

肠黏膜充血、出血严重；卡他性-出血性肠炎，间可见溃疡形成，盲肠胀满，含黄色干酪样物质。

　　人工感染病珍珠鸡的病变为注射部位呈现绿色的蜂窝织炎，免疫器官淋巴组织萎缩，淋巴细胞排空。脾鞘毛细血管周围纤维素性变性，多数鸡见化脓性脑膜脑炎，少数见局灶性肝坏死和间质性心肌炎，个别珍珠鸡肺小叶出血性坏死性炎。

诊　断

　　本病的诊断，除结合流行特点、临诊症状和病理变化外，主要靠采集病料做病原体的分离和鉴定。以常规方法从肝或心血取材，接种于普通琼脂平皿，经37℃培养24小时，长出光滑、湿润、中等大小的伞状菌落，并带有明显的蓝绿色和特殊的芳香气味，便可以确诊。挑取典型菌落涂片，革兰染色镜检，可见到一端有一根细长鞭毛、能运动的革兰阴性杆菌。

　　动物试验：取24小时肉汤培养液，腹腔接种健康雏鸡，每只0.2毫升。同时设立对照。从死亡的试验鸡心、肝、脾、肾等脏器中能重新分离到绿脓杆菌，即可确诊。

防　治

　　（1）加强饲养管理，搞好卫生消毒工作　对病珍珠鸡进行隔离，重症的病鸡进行无害化处理。对育雏网、地面环境、粪便等用5%的热氢氧化钠溶液进行喷洒消毒，每天1次，连用1周；食槽及饮水槽彻底清洗消毒，每天2次。对病死雏鸡焚烧或深埋，舍内加强通风，并用3%的过氧乙酸进行室内带鸡彻底消毒，环境用3%的热氢氧化钠溶液喷洒消毒，每天1次。

　　（2）对症治疗　珍珠鸡绿脓杆菌病发病急、病程短，目前还没有特效的治疗药物，应根据药敏试验结果选择用药。一般对环丙沙星、多西环素、阿米卡星高度敏感；对红霉素、氯霉素、庆大霉素、恩诺沙星中度敏感；其他都表现一定程度的耐药性。

6. 传染性鼻炎

传染性鼻炎是由副鸡嗜血杆菌引起的一种传染病，多发生于家鸡，但近年来，珍珠鸡也不断有所发生，虽死亡率不高，但生长发育迟缓，淘汰率升高，繁殖力下降，而且一旦发生则不易在短期内清除，加之药物及人力的耗费往往给正常生产带来较大的经济损失。

流行病学

本病发生于各种年龄的珍珠鸡，老龄珍珠鸡感染较为严重。7天的雏珍珠鸡，以鼻腔内人工接种病菌常可发生本病，而3～4天的雏鸡则稍有抵抗力。4周龄至3年的鸡易感，但有个体的差异性。人工感染4～8周龄珍珠鸡有90%出现典型的症状。13周龄和大些的珍珠鸡则100%感染。在较老的珍珠鸡中，潜伏期较短，而病程长。

病鸡及隐性带菌鸡是传染源，而慢性病珍珠鸡及隐性带菌珍珠鸡是珍珠鸡群中发生本病的重要原因。其传播途径主要以飞沫及尘埃经呼吸传染，但也可通过污染的饲料和饮水经消化道传染。

本病的发生与一些能使机体抵抗力下降的诱因密切有关。如珍珠鸡群拥挤，不同年龄的鸡混群饲养，通风不良，珍珠鸡舍内闷热，氨气浓度大，或鸡舍寒冷潮湿，缺乏维生素A，受寄生虫侵袭等都能促使珍珠鸡群严重发病。珍珠鸡群接种禽痘疫苗引起的全身反应，也常常是传染性鼻炎的诱因。本病多发于冬秋两季，这可能与气候和饲养管理条件有关。

临诊症状和病理变化

各种龄期的珍珠鸡都有易感性，但以开产前的后备种鸡及开产种鸡最常发生。流鼻液，初为浆液性，不久变为浓稠之黏液性。随着病情的发展，表现精神沉郁，减食。眼结膜发炎，眼睑肿胀，分泌物增多，上下眼睑粘连，可为单侧性或双侧性。鼻窦和眶下窦肿胀，内充满浓稠分泌物或干酪样物。后期精神极度沉郁，反应迟钝，呆立毛松，废食。进一步发展，可见呼吸困难及出现呼吸啰音。多数排黄绿稀便。鼻腔和眶下窦充满水样乃至灰白色黏液，鼻黏膜水肿，充血、出血，鼻窦内有大量脓性分泌物，病程较长者，窦内有干酪样渗出物。

诊　断

根据本病特殊的临床症状、病理变化和流行病学特点可做出初步诊断，但确诊仍然需要依据实验室诊断。通过对患病珍珠鸡的病料进行涂片镜检和病原菌分离培养后的镜检，均可见到大量散在、两极浓染的副鸡嗜血杆菌；与葡萄球菌画线接种时有"卫星现象"；凝集试验，血清滴处有凝集现象；生化试验的结果说明分离到的病原菌能够满足副鸡嗜血杆菌所特有的生化特性。通过分离鉴定，确诊为副鸡嗜血杆菌感染而引发的珍珠鸡传染性鼻炎。

依据后备种鸡和开产鸡发病较多，发病率高而死亡率低，以及典型的眼及颜面部的症状和病变，可以做出临诊诊断。由于衣原体、大肠杆菌及霉浆体等感染亦能产生类似症状和病变。而实际上亦常与这些疾病并发或继发，因此诊断时应注意鉴别。

防　治

一旦出现鸡传染性鼻炎症状，经确认后，立即淘汰病重鸡，并做无害化处理，及时清扫舍内粪便等异物，认真对鸡舍进行彻底消毒，及时进行药敏试验，筛选出高度敏感药物。由于本病原菌易形成抗药性，因此用药剂量要足和疗程要够，最好联合用药或交叉用药。多种磺胺类和抗生素类药物对本病都有疗效，但对珍珠鸡产蛋有影响，应慎用。在用药治疗的同时，应加强消毒和清洁卫生工作，可每天带鸡消毒1次，以净化饲养环境。因病鸡虽临诊康复，但常成为带菌者，故不要留作种用。

鉴于本病发生常由于外界不良因素诱发，因此平时珍珠鸡场在饲养管理方面应注意以下几个方面：

珍珠鸡舍内氨气含量过大是发生本病的重要因素。特别是高代次的种鸡群，珍珠鸡群数量少，密度小，寒冷季节舍内温度低，为了保温门窗关得太严，造成通风不良。为此应安装供暖设备和自动控制通风装置，可明显降低珍珠鸡舍内氨气的浓度。

寒冷季节气候干燥，舍内空气污浊，尘土飞扬。应通过带珍珠鸡消毒，降落空气中的粉尘，净化空气，对防治本病也可起到积极作用。

饲料、饮水是造成本病传播的重要途径。加强饮水用具的清洗消毒和饮用水的消毒是防病的经常性措施。

人员流动是病原重要的机械携带者和传播者，珍珠鸡场工作人员应严格执行更衣、洗澡、换鞋等防疫制度。因工作需要而必须多名人员入舍时，工作结束后立即进行带鸡消毒。

珍珠鸡舍尤其是病鸡舍是个大污染场所，因此必须十分注意珍珠鸡舍的清洗和消毒。对周转后的空闲珍珠鸡舍应严格按照"一清"（即彻底清除珍珠鸡舍内粪便和其他污物）、"二冲"（清扫后的珍珠鸡舍用高压自来水彻底冲洗）、"三烧"（冲洗后晾干的珍珠鸡舍用火焰消毒器喷烧鸡舍地面、底网、隔网、墙壁及残留杂物）、"四喷"（火焰消毒后再用2%氢氧化钠溶液或0.3%过氧乙酸，或2%次氯酸钠喷洒消毒）、"五熏蒸"（完成上述四项工作后，用福尔马林按每立方米42毫升，对珍珠鸡舍进行熏蒸消毒，鸡舍密闭24～48小时，然后闲置2周。进珍珠鸡前采用同样方法再熏蒸1次）进行消毒。经检验合格后才可进入新珍珠鸡群。

珍珠鸡舍外环境的消毒以及清除杂草、污物的工作也不容忽视。因此综合防治是防止本病发生不可缺少的重要措施。

本病防治的另一重要方面，就是进行免疫接种。据报道，中国兽药监察所和中国农业科学院哈尔滨兽医研究所分别研制成功了珍珠鸡传染性鼻炎油佐剂灭活苗，通过实验室和区域试验证明本菌苗对不同地区、不同品种、不同日龄的珍珠鸡群应用是安全的，对珍珠鸡群生产性能无影响，不论是本病安全区还是疫区的珍珠鸡群免疫后均能获得满意效果。该疫苗的免疫程序一般是在珍珠鸡25～30日龄时进行首免，120日龄左右进行第二次免疫，可保护整个产蛋期。仅在青年鸡时进行免疫，免疫期为6个月。已有发病史的场，在种鸡开产前最少接种传染性鼻炎多价油乳剂灭活菌苗1次或2次，间隔10～14天。

7. 葡萄球菌病

珍珠鸡葡萄球菌病是由葡萄球菌所引起的一种传染病，该病有多种类型，一般认为金黄色葡萄球菌是主要的致病菌，给珍珠鸡生产造成较大损失。临诊表现为急性败血症状、关节炎、雏鸡脐炎、皮肤（包括翼尖）坏死和骨膜炎。雏鸡感染后多为急性败血病的症状和病理变化，中雏为急性或慢性，成年鸡多为慢性。雏鸡和中雏死亡率较高，是珍珠鸡生产中危害严重的疾病之一。

流行特点

金黄色葡萄球菌对任何年龄的珍珠鸡，甚至鸡胚都可感染。虽然4～6周龄的雏鸡极其敏感，但实际上发生在40～60日龄的中雏最多。一年四季均可发生，以雨季、潮湿时节发生较多。

金黄色葡萄球菌广泛分布在自然界的土壤、空气、水、饲料、物体表面以及珍珠鸡的羽毛、皮肤、黏膜、肠道和粪便中。

季节和品种对本病的发生无明显影响，平养和笼养都有发生，但以笼养为多。

本病主要通过皮肤和黏膜的创伤传播，但也可能通过直接接触和空气传播，雏鸡通过脐带也是常见的途径。

发病原因

皮肤或黏膜表面的破损，常是葡萄球菌侵入的门户。对于珍珠鸡来说，皮肤创伤是主要的传染途径。也可以通过直接接触和空气传播。雏鸡脐带感染也是常见的途径。在我们观察中有以下的一些发病因素。

（1）鸡痘　在一些发病场，几乎60％以上发病鸡群中有鸡痘发生，多数情况是在鸡痘先已发生，尚不被饲养员重视时就暴发葡萄球菌病，当有较多珍珠鸡只死亡仔细检查时才知道珍珠鸡群中已有鸡痘发生。当然，也有鸡痘发生明显后出现葡萄球菌病的。

（2）带翅号及断喙　在有些珍珠鸡群，需要编号以做记录观察，在安带翅号后诱发葡萄球菌病，以这种方式传播发病者较少。也有断喙后发病的。

（3）刺种　现在普遍采用刺种方法接种鸡痘疫苗，部分珍珠鸡场以刺种方法预防鸡新城疫，在刺种时绝大多数情况下，由于被刺种珍珠鸡数较多，常不进行局部消毒。由于刺种后暴发葡萄球菌者也为数不少。

（4）网刺、刮伤和扭伤　有的珍珠鸡场笼架编织粗糙，交接处不齐，常有"毛刺"致伤，或有的珍珠鸡群网上平养，各网眼交接处装配不齐或缝隙过大，常有夹住珍珠鸡脚而致伤的现象，也有的因设备不合适，或经改造后而引起，这些因素使珍珠鸡造成伤裂，致使葡萄球菌侵入。

（5）啄伤　有的珍珠鸡场由于某些原因未能断喙，或光照过强、或营养不全等，鸡只互啄现象较为严重，有的鸡群约有1/3的珍珠鸡有互啄现象。

（6）饲养管理上的缺点　珍珠鸡群过大、拥挤，通风不良，鸡舍空气污浊（氨气浓度过大），鸡舍卫生太差，饲料单一、缺乏维生素和矿物质及存在某些疾病等因素，均可促进葡萄球菌的发生和增大死亡率。更为不合理的是，有的将公珍珠鸡养于母珍珠鸡舍的一角，使公珍珠鸡不得安宁，啄伤、擦伤而发生本病。

临诊症状

本病可以急性或慢性发作，这取决于侵入珍珠鸡体血液中的细菌数量、毒力和卫生状况。

（1）急性败血型　病鸡出现全身症状，精神不振或沉郁，不爱跑动，常呆立一处或蹲伏，两翅下垂，缩颈，眼半闭呈嗜睡状。羽毛蓬松零乱，无光泽。病鸡饮、食欲减退或废绝。少部分病鸡下痢，排出灰白色或黄绿色稀粪。较为明显的症状是，捉住病鸡检查时，可见腹胸部，甚至波及嗉囊周围、大腿内侧皮下浮肿，潴留数量不等的血样渗出液体，外观呈紫色或紫褐色，有波动感，局部羽毛脱落，或用手一摸即可脱掉。其中有的病鸡可见自然破溃，流出茶色或紫红色液体，与周围羽毛粘连，局部污秽，有部分病鸡在头颈、翅膀背侧及腹面、翅尖、尾、脸、背及腿等不同部位的皮肤出现大小不等的出血、炎性坏死，局部干燥结痂，暗紫色，无毛；

早期病例，局部皮下湿润，暗紫红色，溶血，糜烂。以上表现是葡萄球菌病常见的病型，多发生于中雏，病鸡在2～5天死亡，快者1～2天呈急性死亡。

（2）关节炎型　病鸡可见到关节炎症状，多个关节炎性肿胀，特别是趾、跖关节肿大为多见，呈紫红或紫黑色，有的见破溃，并结成污黑色痂。有的出现趾瘤，脚底肿大，有的趾尖发生坏死，黑紫色，较干涩。发生关节炎的病鸡表现跛行，不喜站立和走动，多伏卧，一般仍有饮、食欲，多因采食困难，饥饱不匀，病鸡逐渐消瘦，最后衰弱死亡，尤其在大群饲养时较明显。此型病程多为10天左右。有的病鸡趾端坏疽，干脱。如果发病鸡群有鸡痘流行时，部分病鸡还可见到鸡痘的病状。

（3）脐带炎型　是孵出不久雏珍珠鸡发生脐炎的一种葡萄球菌病的病型，对雏鸡造成一定危害。由于某些原因，珍珠鸡胚及新出壳的雏鸡脐环闭合不全，葡萄球菌感染后，即可引起脐炎。病鸡除一般病症外，可见腹部膨大，脐孔发炎肿大，局部呈黄红紫黑色，质稍硬，间有分泌物。饲养员常称为"大肚脐"。脐炎病鸡可在出壳后2～5天死亡。某些珍珠鸡场工作人员因鉴于本病多归死亡，见"大肚脐"雏鸡后立即摔死或烧掉，这是一个果断的做法。当然，其他细菌也可以引起雏鸡脐炎。

（4）眼型葡萄球菌病　一般在败血型发生后期出现，也可单独出现。其临诊表现为上下眼睑肿胀，闭眼，有脓性分泌物粘闭，用手掰开时，则见眼结膜红肿，眼内有多量分泌物，并见有肉芽肿。时间较久者，眼球下陷，后可见失明。有的见眼的眶下窦肿突。最后病鸡多因饥饿、被踩踏、衰竭死亡。眼型发病占总病鸡30%左右，占死亡20%左右。

（5）肺型葡萄球菌病　主要表现为全身症状及呼吸障碍。所见病鸡为52日龄和72日龄。死亡率10%左右。另见两次败血型和肺型混合感染，发病鸡为50和60日龄，死亡率11.5%和13.4%。

病理变化

（1）急性败血型　明显的肉眼变化是胸部的病变，可见死鸡胸部、前腹部羽毛稀少或脱毛，皮肤呈紫黑色浮肿，有的自然破溃则局部黏污。剪开皮肤可见整个胸、腹部皮下充血、溶血，呈弥漫性紫红色或黑红色，积有大量胶冻样粉红色或黄红色水肿液，水肿可延至两腿内侧、后腹部，前达嗉囊周围，但以胸部为多。同时，胸腹部甚至腿内侧见有散在出血斑点或条纹，特别是胸骨柄处肌肉弥散性出血斑或出血条纹为重，病程久者还可见轻度坏死。肝脏肿大，淡紫红色，有花纹或驳斑样变化，小叶明显。在病程稍长的病例，肝上还可见数量不等的白色坏死点。脾亦见肿大，紫红色，病程稍长者也有白色坏死点。腹腔脂肪、肌胃浆膜等处，有时可见紫红色水肿或出血。心包积液，呈黄红色半透明。心冠状沟脂肪及心外膜偶见出血。有的病例还见肠炎变化。腔上囊无明显变化。在发病过程中，也有少数病例，无明显眼观病变，但可分离出病原。

（2）关节炎型　可见关节炎和滑膜炎。某些关节肿大，滑膜增厚，充血或出血，关节囊内有或多或少的浆液，或有浆性纤维素渗出物。病程较长的慢性病例，后变成干酪样性坏死，甚至关节周围结缔组织增生及畸形。

（3）脐带炎型　幼雏以脐炎为主的病例，可见脐部肿大，紫红色或紫黑色，有暗红色或黄红色液体，时间稍久则为脓样干固坏死物。肝有出血点。卵黄吸收不良，呈黄红色或黑灰色，液体状或内混絮状物。

病鸡体表不同部位见皮炎、坏死，甚至坏疽变化。如有鸡痘同时发生时，则有相应的病变。眼型病例，可见与生前相应的病变。

诊断鉴别

根据发病的流行病学特点，各型临诊症状及病理变化，可以在现场做出初步诊断。

实验室检查实验室的细菌学检查是确诊本病的主要方法。

（1）直接镜检　根据不同病型采取病料（皮下渗出液、肝、脾、关节液、眼分泌物、脐炎部、雏鸡卵黄囊和肝、死胎等）涂片、染色、镜检，可见到大量的葡萄球菌。根据细菌形态、排列和染色特性等，可做出初步诊断。

（2）分离培养与鉴定　将病料接种到普通琼脂培养基、5%绵羊血液琼脂平板和高盐甘露醇琼脂上进行分离培养。

（3）试验确定

1）凝固酶试验　凝固酶阳性者多为致病菌。

2）菌落颜色　金黄色者为致病菌。

3）溶血试验　溶血者多为致病菌。

4）生化反应　分解甘露醇者多为致病菌。

（4）动物试验　家兔皮下注射 24 小时培养物 1 毫升，可引起局部皮肤溃疡、坏死；静脉接种 0.1～0.5 毫升，可于 24～48 小时死亡。剖检时可见浆膜出血，肾、心及其他脏器有大小不同的脓肿。将分离物珍珠鸡皮下接种，亦可引起发病和死亡，与自然病例相同。也可将病料接种在肉汤培养基中，使之产生肠毒素，注射于幼猫或猴，可出现急性胃肠炎。此外，我们还通过接触酶试验、脱氧核糖核酸酶试验等区别。

预　防

葡萄球菌病是一种环境性疾病，为预防本病的发生，主要是做好经常性的预防工作。

防止发生外伤。创伤是引发本病的重要原因，因此，在珍珠鸡饲养过程中，尽量避免和消除使珍珠鸡发生外伤的诸多因素，如笼架结构要规范化，装备要配套、整齐，自己编造的笼网等要细致，防止铁丝等尖锐物品引起皮肤损伤的发生，从而堵截葡萄球菌的侵入。

做好皮肤外伤的消毒处理。在断喙、带翅号（或脚号）、剪趾及免疫刺种时，要做好消毒工作。除了发现外伤要及时处治外，还需针对可能发生的原因采取预防办法，如避免刺种免疫引起感染，可改为气雾免疫法或饮水免疫；鸡痘刺种时做好消毒；进行上述工作前后，采用添加药物进行预防等。

适时接种鸡痘疫苗，预防鸡痘发生。从实际观察中表明，鸡痘的发生常是珍珠鸡群发生葡萄球菌病的重要因素，因此，平时做好鸡痘免疫是十分重要的。

搞好珍珠鸡舍卫生及消毒工作。做好鸡舍、用具、环境的清洁卫生及消毒工作，这对减少环境中的含菌量，消除传染源，降低感染机会，防止本病的发生有十分重要的意义。

加强饲养管理。喂给必需的营养物质，特别要供给足够维生素和矿物质；珍珠鸡舍内要适时通风、保持干燥；鸡群不易过大，避免拥挤；有适当的光照；适时断喙；防止互啄现象。这样，就可防止或减少啄伤的发生，并使珍珠鸡只有较强的体质和抗病力。

做好孵化过程的卫生及消毒工作。要注意种卵、孵化器及孵化全过程的清洁卫生及消毒工作，防止工作人员（特别是雌雄鉴别人员）污染葡萄球菌，引起雏鸡感染或发病，甚至散播疫病。

预防接种。发病较多的珍珠鸡场，为了控制该病的发生和蔓延，可用葡萄球菌多价苗给 20 日龄左右的雏鸡注射。

治 疗

由于葡萄球菌耐药株的不断增多，治疗难度越来越大。因此，一旦发病，立即隔离治疗，严重病例直接无害化淘汰处理，有条件的养殖场及时进行药敏试验，以筛选出最敏感的治疗药物进行治疗。一些中草药如鱼腥草、黄芪、甘草、麦芽、菊花、黄檗、连翘、白及、地榆、茜草、大黄、当归、知母等相互搭配，疗效也不错。

二、常见病毒性疾病

1. 新城疫

珍珠鸡对鸡新城疫病毒具有较高的敏感性，且其敏感性有逐年增高的趋势，是由病毒引起的一种急性败血性传染病。

病禽和带毒禽是主要的传染来源，珍珠鸡新城疫在不少情况下是由鸡传染的，人员和运输工具的流动、污染的场地、野鸟的侵入等在本病的播散和发生中也具有重要作用。病原主要经呼吸道和消化道感染。本病一年四季均可发生，但以冬春季节较为多见；幼龄珍珠鸡较成年珍珠鸡易感，发病率和死亡率较高。强毒型发病急、死亡率高，中毒型对幼鸡危害大，弱毒型可不致死亡。

临诊症状和病理变化

病鸡精神委顿，体温升高，可达 42.5～43℃，食欲下降或废食；鸡群常突然发病，羽毛松乱、头颈缩起、翅尾下垂，肉髯和肉锥呈青紫或紫黑色，张口呼吸或呼吸困难，常发出特殊的"咕噜"声，嗉囊内充满臭液状物，倒提时常从口内流出，出现下痢、排黄绿色或灰白色恶臭稀粪，有的病鸡出现神经症状，如腿翅麻痹，行走或站立不稳，头颈后仰或向一侧扭曲，最后瘫痪死亡。随着病情的发展，出现步态不稳、侧身倒地、单侧性腿麻痹而不能站立等神经症状，部分出现头颈或全身性震颤，3～5天内死亡。剖检病变包括肌肉暗红，肝脏瘀血肿大；腺胃、小肠等黏膜及浆膜出血；脑膜血管树枝状充血，小点出血，脑实质水肿，质脆，大、小脑一侧或两侧有针尖大小的灰黄色坏死灶；而其他器官未有明显眼观异常。

诊 断

根据发病情况、症状和病理变化可怀疑本病的可能。采集病鸡血样进行新城疫血凝抑制试验及进行病原的分离鉴定，有助于本病的确诊。

防 治

目前尚无有效的药物用于本病的防治，发生时应用药物治疗无效，反而会延误时间，发病早期使用高免血清或高免蛋黄抗体有一定的治疗作用。对中后期病鸡应全部淘汰，深埋或高温处理。对只有少数发病的鸡群或其他尚未发病的鸡群可用Ⅰ系或Ⅱ系弱毒疫苗进行紧急接种。同时在日粮或饮水中添加多种维生素和一些抗生素，一般可在 3～5 天内控制疫情。

发生本病后鸡场应禁止鸡买卖、人员进出，鸡舍、用具可用0.2%～0.4%新洁尔灭溶液喷雾消毒，运输工具可用1%～2%氢氧化钠溶液消毒。平时采取综合性防治措施是预防本病的关键，新引进的鸡必须单独饲养2周以上，并按时接种疫苗，平时应加强鸡舍的卫生消毒。

有计划进行疫苗免疫接种是防治本病的最有效手段。珍珠鸡对鸡新城疫疫苗的反应较大，第一、第二次免疫时应避免使用毒力较强的疫苗，建议的免疫接种程序和使用的疫苗：15日龄时用新城疫Ⅱ系疫苗1∶1 000稀释后，2毫升/只，滴口免疫；30日龄时用上法二免；50日龄时用新城疫Ⅰ系疫苗1∶1 200稀释后，1毫升/只注射。有条件的鸡场，最好进行新城疫抗体的监测。试验证明，群体抗体水平达26以上可获得理想的保护。

2. 传染性法氏囊病

本病是由传染性法氏囊病毒引起的一种急性、接触传染性疾病。传染性法氏囊病毒属于双RNA病毒科，包括两个血清型，以法氏囊发炎、坏死、萎缩和法氏囊内淋巴细胞严重受损为特征，从而引起珍珠鸡的免疫机能障碍，干扰各种疫苗的免疫效果。发病率高，几乎达100%；死亡率低，一般为5%～15%，是目前珍珠鸡饲养中最主要的疾病之一。

流行特点

本病常发生于2～15周的珍珠鸡，3～6周龄为发病高峰期。病毒主要随病鸡粪便排出，污染饲料、饮水和环境，使同群鸡经消化道、呼吸道和眼结膜等感染；各种用具、人员及昆虫也可以携带病毒，扩散传播；本病还可经蛋传递。

临诊症状和病理变化

雏鸡群突然大批发病，2～3天内可波及60%～70%的珍珠鸡，发病后3～4天死亡达到高峰，7～8天后死亡停止。病鸡精神沉郁，头垂闭眼，羽松翅垂，步态不稳，不喜运动，食欲下降或废食；下痢，排白色或绿色水样稀粪。后期脱水明显，消瘦衰弱，伏卧嗜睡，终至死亡。眼观病变与家鸡传染性法氏囊病相似，胸、腿肌散在性斑、点状出血；脾肿大，表面散布灰白色小点坏死；腺胃与肌胃交界处带状出血；法氏囊肿胀、清亮，黏膜点状或斑状出血，腔内含白色黏液或血性渗出物，病程较长者则法氏囊萎缩。

诊　断

根据发病的情况、临诊症状和典型的法氏囊病变可以做出初步诊断，但要注意与有类似病变的新城疫和传染性支气管炎相区别。进一步确诊可进行病原的分离鉴定或进行琼脂扩散等血清学试验。

防治措施

在采用一般综合性防疫措施的基础上，根据本地区、本场的疫病流行和发生情况，选用合理的弱毒疫苗和（或）灭活疫苗进行有计划的免疫接种，可有效地预防本病的发生。3～7周龄珍珠鸡，每只肌内注射0.4毫升；大鸡酌加剂量；育成珍珠鸡注射0.6毫升，注射一次即可，疗效显著。

一旦发生疫情，可用高免血清或高免蛋黄抗体逐只注射，同时投以适当的抗生素、补液盐、维生素C和维生素A，适当提高育雏温度和降低日粮中的蛋白质水平。某些中草药制剂早期应用，效果良好。与此同时，应加强清洁卫生和消毒（包括带鸡消毒）措施。待疫情结束、珍珠鸡群完全康复后，应及时接种弱毒疫苗。

预防指南

加强管理，搞好卫生消毒工作，防止从外边把病带入珍珠鸡场，一旦发生本病，及时处理病鸡，进行彻底消毒。消毒可选用以下药物和方法：聚维酮碘快碘喷洒。下批珍珠鸡进鸡舍前用熏蒸消毒。门前消毒池宜用复合酚溶液，每2～3周换一次；也可用清净农场癸甲溴铵，每周换一次。

预防接种是预防珍珠鸡传染性法氏囊病的一种有效措施。目前我国批准生产的疫苗有弱毒苗和灭活苗，进口有中等毒力活苗 D78。

①低毒力株弱毒活疫苗，用于无母源抗体的雏珍珠鸡早期免疫，对有母源抗体的珍珠鸡免疫效果较差。可点眼、滴鼻、肌内注射或饮水免疫。

②中等毒力株弱毒活疫苗，供各种有母源抗体的珍珠鸡使用，可点眼、口服、注射。饮水免疫，D78 苗剂量不需要加倍。

③灭活疫苗，使用时应与珍珠鸡传染性法氏囊病活苗配套。珍珠鸡传染性法氏囊病免疫效果受免疫方法、免疫时间、疫苗选择、母源抗体等因素的影响。其中母源抗体是非常重要的因素。有条件的鸡场应依测定母源抗体水平的结果，制定相应的免疫程序。

现介绍两种免疫程序供参考：无母源抗体或低母源抗体的雏珍珠鸡，出生后用弱毒疫苗或用1/3～1/2中等毒力疫苗进行免疫，滴鼻、点眼两滴（约0.05毫升）；肌内注射0.2毫升；饮水按需要量稀释，2～3周时，用中等毒力疫苗加强免疫。有母源抗体的雏珍珠鸡，14～21日龄用弱毒疫菌或中等毒力疫苗首次免疫，必要时2～3周后加强免疫1次。商品珍珠鸡用上述程序免疫即可。种珍珠鸡则在10～12周龄用中等毒力疫苗免疫1次，18～20周龄用灭活苗注射免疫。

3. 传染性支气管炎

传染性支气管炎病毒属于尼多病毒目、冠状病毒科、冠状病毒属、冠状病毒Ⅲ群的成员。本病毒对环境抵抗力不强，对普通消毒药过敏，对低温有一定的抵抗力。传染性支气管炎病毒具有很强的变异性，目前世界上已分离出 30 多个血清型。在这些毒株中多数能使气管产生特异性病变，但也有些毒株能引起肾脏病变和生殖道病变。

本病主要通过空气传播，也可以通过饲料、饮水、垫料等传播。饲养密度过大、多热、过冷、通风不良等可诱发本病。1 日龄雏珍珠鸡感染时可使输卵管发生永久性的损伤，使其不能达到应有的产量。产蛋珍珠鸡感染通常表现产蛋量降低，蛋的品质下降。本病广泛流行于世界各地，是珍珠鸡业的重要疫病。

流行特点

　　各种日龄的珍珠鸡都易感，但5周龄内的珍珠鸡症状较明显，死亡率可达15%～19%。发病季节多见于秋末至次年春末，但以冬季最为严重。环境因素主要是冷、热、拥挤、通风不良，特别是强烈的应激作用如疫苗接种、转群等可诱发该病。传播方式主要是通过空气传播。此外，人员、用具及饲料等也是传播媒介。本病传播迅速，常在1～2天内波及全群。一般认为本病不能通过种蛋垂直传播。

症　状

　　本病自然感染的潜伏期为36小时或更长一些。本病的发病率高，雏珍珠鸡的死亡率可达25%以上，但6周龄以上的死亡率一般不高，病程一般多为1～2周，雏珍珠鸡、产蛋珍珠鸡、肾病变型的症状不尽相同，现分述如下。

　　（1）雏珍珠鸡　无前驱症状，全群几乎同时突然发病。最初表现出呼吸道症状，流鼻涕、流泪、鼻肿胀、咳嗽、打喷嚏、伸颈张口喘气；夜间听到明显嘶哑的叫声。随着病情发展，症状加重，缩头闭目、垂翅挤堆、食欲不振、饮欲增加，如治疗不及时，有个别死亡现象。

　　（2）产蛋珍珠鸡　表现轻微的呼吸困难、咳嗽、气管啰音，有"呼噜"声。精神不振、减食、拉黄色稀粪，症状不很严重，有极少数死亡。发病第二天产蛋开始下降，1～2周下降到最低点，有时产蛋率可降到一半，并产软蛋和畸形蛋，蛋清变稀，蛋清与蛋黄分离，种蛋的孵化率也降低。产蛋量回升情况与鸡的日龄有关，产蛋高峰的成年母珍珠鸡，如果饲养管理较好，经两个月基本可恢复到原来水平，但老龄母珍珠鸡发生此病，产蛋量大幅下降，很难恢复到原来的水平，可考虑及早淘汰。

　　（3）肾病变型　多发于20～50日龄的幼珍珠鸡。在感染肾病变型的传染性支气管炎毒株时，由于肾脏功能的损害，病鸡除有呼吸道症状外，还可引起肾炎和肠炎。肾型支气管炎的症状呈二相性：第一阶段有几天呼吸道症状，随后又有几天症状消失的"康复"阶段；第二阶段就开始排水样白色或绿色粪便，并含有大量尿酸盐。病鸡失水，表现虚弱嗜睡，鸡冠褪色或呈紫蓝色。肾病变型传染性支气管炎病程一般比呼吸器官型稍长（12～20天），死亡率也高（20%～30%）。

病　　变

主要病变在呼吸道。在鼻腔、气管、支气管内，可见有淡黄色半透明的浆液性、黏液性渗出物，病程稍长的变为干酪样物质并形成栓子。气囊可能浑浊或含有干酪性渗出物。产蛋母珍珠鸡卵泡充血、出血或变形；输卵管短粗、肥厚，局部充血、坏死。雏珍珠鸡感染本病则输卵管损害时永久性的，长大后一般不能产蛋。肾病变型支气管炎除呼吸器官病变外，可见肾肿大、苍白，肾小管内尿酸盐沉积而扩张，肾呈花斑状，输尿管尿酸盐沉积而变粗。心、肝表面也有沉积的尿酸盐似一层白霜。有时可见法氏囊有炎症和出血症状。

防治措施

本病预防应考虑减少诱发因素，提高珍珠鸡只的免疫力。清洗和消毒鸡舍后，引进无传染性支气管炎病疫情鸡场的珍珠鸡苗，搞好雏珍珠鸡饲养管理，珍珠鸡舍注意通风换气，防止过于拥挤，注意保温，适当补充雏鸡日粮中的维生素和矿物质，制定合理的免疫程序。

疫苗接种是目前预防传染性支气管炎的一项主要措施。单价弱毒苗目前应用较为广泛的是引进荷兰的 H120、H52、对 14 日龄雏珍珠鸡安全有效，免疫 3 周保护率达 90%；H52 对 14 日龄以下的珍珠鸡会引起严重反应，不宜使用，但对 90～120 日龄的珍珠鸡却安全，故目前常用的程序为 H120 于 10 日龄、H52 于 30～45 日龄接种。

发病时，及时免疫接种，并用抗菌药物防止继发感染。饲养管理用具及珍珠鸡舍要进行消毒。病愈珍珠鸡不可与易感珍珠鸡混群饲养。

4. 马立克病

本病是由病毒引起的一种具有高度传染性的肿瘤疾病。本病无明显季节性，日龄越小易感性越高。病毒通过病鸡的分泌物、排泄物、羽毛、皮屑等传播。病鸡很少康复，大多以死亡告终。

临诊症状和病理变化

病鸡的特征表现为运动障碍，常单只或两只脚出现完全或不完全性麻痹，步态不稳，一只脚向前，另一只脚向后，瘫痪卧地，有时翅膀下垂，失明，病鸡表现消瘦、贫血或下痢。剖检可见肿瘤，肿瘤常出现在卵巢、心、肝、脾、肺、肾等组织器官。

防治措施

雏鸡 1 日龄可接种马立克疫苗是目前最有效的预防措施。本病无有效治疗方法，主要是认真做好鸡场综合性防疫、检疫及消毒工作，发现病鸡立即淘汰。平时雏鸡与成鸡应分开饲养，从健康鸡场引种。

5. 传染性肠炎

珍珠鸡传染性肠炎是由一种披膜样病毒引起的急性、高度接触性传染病。该病毒具有宿主特异性，人工感染鸡、山鸡和鹧鸪均不引起发病。各种龄期的珍珠鸡都有易感性，但对幼龄珍珠鸡的危害较大，临诊发病最早可见于 7 天龄。本病主要以横向传播方式播散，一旦发生，数天至 10 天左右即可波及全群，感染发病率可高达 100%，而死亡率则随龄期的增长而下降，幼龄者发病死亡率为 80% 以上，成年鸡则约 30%。

临诊症状和病理变化

病鸡精神委顿，弓背呆立，或蹲伏于地，羽毛松乱，颈毛竖起，对外界反应迟钝，食欲废绝；严重腹泻，排黄白色或绿色水样稀便；脱水消瘦，最后衰竭死亡。死亡常发生于出现腹泻症状后第二天，群体腹泻可持续 10 ～ 14 天。耐过幸存者，极度消瘦，往往失去继续饲养价值。

发病早期急性死亡者，体况良好，肌肉丰满；肠炎，肠道黏液增多，盲肠肿胀，偶有盲肠芯子、盲肠扁桃体小点出血；胰腺色淡，散布针头大小灰白色病灶；脾轻度萎缩，肾稍肿大。发病后期死亡者，明显消瘦、脱水，嗉囊内出现假膜，脾显著萎缩，小肠黏膜充血、出血。

诊　断

主要依据发病情况、临诊症状和病理变化进行初步诊断。进一步确诊有赖于病原学的检测。本病常并发或继发大肠杆菌病、弯曲杆菌病和念珠菌病等，使病情更为复杂和严重，临诊应给予重视和鉴别。

防治措施

目前尚未有特效的治疗方法，亦无商品性的疫苗可供防治。一旦暴发本病，应对发病群实施严格的隔离，并进行对症治疗。在饮水中添加口服补液盐，同时投服抗生素以预防和治疗继发性感染。投药期间，加强饲养场地及其周围环境的清洁卫生和消毒。试用以分离自本场的病毒制备灭活疫苗进行预防接种，采用全进全出的饲养方式，加强包括检疫、清洁卫生和消毒等在内的各种生物安全性措施，能较好地预防本病的发生和流行。

6. 病毒性肠炎

珍珠鸡病毒性肠炎是指由多种病毒引起的，以腹泻为主要临诊症状的一类传染性疾病。其病原比较复杂，其中主要有呼肠孤病毒、Ⅱ型腺病毒、轮状病毒、肠道病毒，以及近几年出现的披膜样病毒（传染性肠炎的病原）等。

临诊症状和病理变化

呼肠孤病毒主要危害幼龄珍珠鸡，5～6天龄即可感染发病，发病率和死亡率分别可达50%和14%。病雏精神沉郁，食欲不振或废食，羽松呆立，主要症状是腹泻，排黄色至黄绿色水样或黏液样稀粪。耐过康复鸡生长发育严重受阻，头部初羽换毛明显延迟，脸不变蓝，喙、脚色泽变黄。眼观病变主要见于消化系统：腺胃增大，肌胃萎缩，卡他性-出血性肠炎，肠腔内充满酸臭消化不全的内容物；胰腺初期水肿及出血性坏死，后期萎缩，苍白，质硬实。

Ⅱ型腺病毒主要侵害产蛋珍珠鸡，但幼雏亦会感染发病。幼雏感染的主要临诊症状是持续性腹泻，排绿色稀粪，有些可见呼吸道症状，病程较长，可达20多天，死亡率为2%～10%，生长发育不良。产蛋鸡主要表现为产蛋明显下降，降幅可多达50%，且可见间歇性下痢和死亡增多。眼观病变主要是肠道黏膜充血，卡他性肠炎；肺瘀血、水肿，肝、脾肿大，腹水形成。

轮状病毒和肠道病毒等也是引发珍珠鸡，特别是幼龄珍珠鸡下痢的病原之一。感染发病珍珠鸡表现不同程度的腹泻和衰弱，生长不良等症状。在现场病例中，上述病原往往同时存在，相互作用，使病情更为复杂和多变。

诊　断

根据临诊症状和肉眼病变，结合流行病学资料及多种抗菌药物治疗无效，可以做出初步诊断。采集腹泻病例的肠组织或肠内容物制备无菌滤液，人工感染非免疫珍珠鸡能诱发出与自然病例相似的腹泻；无菌滤液适当处理后，置电子显微镜下观察，发现病毒粒子，将有助于进一步确诊。

防治措施

目前尚未有特效的治疗方法，亦无商品性的疫苗可供防治。一旦暴发本病，应对发病群实施严格的隔离，并进行对症治疗。在饮水中添加口服补液盐，同时投服抗生素以预防和治疗继发性感染。投药期间，加强饲养场地及其周围环境的清洁卫生和消毒。试用以分离自本场的病毒制备灭活疫苗进行预防接种，采用全进全出的饲养方式，加强包括检疫、清洁卫生和消毒等在内的各种生物安全性措施，能较好地预防本病的发生和流行。

三、寄生虫病

1. 球虫病

珍珠鸡球虫病是一种雏鸡常患的原虫病，是因肠道感染艾美尔属的多种球虫而引起的一种急性流行性传染病，15～50日龄的珍珠鸡发病率和致死率都较高，成年珍珠鸡对球虫有一定的抵抗力。病鸡是主要传染源，凡被带虫珍珠鸡污染过的饲料、饮水、土壤和用具等，都有卵囊存在。珍珠鸡感染球虫的途径主要是吃了感染性卵囊。球虫主要寄生于盲肠和小肠内，主要通过被粪便污染的饲料、饮水等传播，高温、阴冷、潮湿、拥挤、维生素A和维生素K缺乏都能诱发本病，人及其衣服、用具等以及某些昆虫都可成为传播者，饲养管理条件不良，鸡舍潮湿、拥挤，卫生条件恶劣时，最易发病。在潮湿多雨、气温较高的梅雨季节易暴发球虫病。其分布广泛，危害严重，会给珍珠鸡生产造成巨大的经济损失。为了控制珍珠鸡球虫病的发生，须根据其流行特点采取相应的防制措施。

临诊症状和病理变化

病鸡主要表现为精神萎靡、羽毛蓬松，头蜷缩，食欲减退，闭目，翅下垂，口渴，嗉囊内充满液体，鸡冠和可视黏膜贫血、苍白，逐渐消瘦，病鸡常排红色胡萝卜样粪便，若感染柔嫩艾美耳球虫，开始时粪便为咖啡色或带有黏液的稀粪，以后变为完全的血粪，后期常卧地不起，如不及时采取措施，致死率可达50%以上。若多种球虫混合感染，粪便中带血液，并含有大量脱落的肠黏膜。

（1）急性球虫病　精神、食欲不振，饮欲增加；被毛粗乱；腹泻，粪便常带血；贫血，可视黏膜、鸡冠、肉髯苍白；脱水，皮肤皱缩；生产性能下降；严重的可引起死亡，死亡率可达80%，一般为20%～30%。恢复者生长缓慢。

（2）慢性球虫病　见于少量球虫感染，以及致病力不强的球虫感染

（如堆型、巨型艾美耳球虫）。拉稀，但多不带血。生产性能下降，对其他疾病易感性增强。

柔嫩艾美耳球虫主要侵害盲肠，使两支盲肠显著肿大，可为正常的3～5倍，肠腔中充满凝固的或新鲜的暗红色血液，盲肠上皮变厚，有严重的糜烂。毒害艾美耳球虫损害小肠中段，使肠壁扩张、增厚，有严重的坏死。在裂殖体繁殖的部位，有明显的淡白色斑点，黏膜上有许多小出血点。肠管中有凝固的血液或有胡萝卜色胶冻状的内容物。

巨型艾美耳球虫损害小肠中段，可使肠管扩张，肠壁增厚；内容物黏稠，呈淡灰色、淡褐色或淡红色。

堆型艾美耳球虫多在上皮表层发育，并且同一发育阶段的虫体常聚集在一起，在被损害的肠段出现大量淡白色斑点。

哈氏艾美耳球虫损害小肠前段，肠壁上出现大头针针头大小的出血点，黏膜有严重的出血。

若多种球虫混合感染，则肠管粗大，肠黏膜上有大量的出血点，肠管中有大量的带有脱落的肠上皮细胞的紫黑色血液。

剖检可见某段小肠和盲肠黏膜肿胀、充血、出血、暗红色，肠内容物充满、烂稀、呈黄绿或红褐色，见图141。

图 141　球虫引起的盲肠和小肠病变

（1）球虫卵囊粪便检查　用无菌镊子取新鲜血便适量，置于载玻片上，加纯化水搅匀，盖上盖玻片镜检，可见多量椭圆形、浅黄色的卵囊，外有一层壳膜，周围是透明区，中间结构均匀。另外，采集几处带血粪便于大试管中，用5倍饱和盐水使其漂浮，用接种环取表层置于载玻片上，加盖玻片镜检，可见大量纯净的椭圆形球虫卵囊。

（2）球虫卵囊肠道检查　刮取病（死）珍珠鸡小肠、盲肠，涂片镜检，可见大量椭圆形球虫卵囊。

确　诊

根据珍珠鸡的发病日龄和日渐加剧的血痢和死亡率的情况，可初步诊断为珍珠鸡球虫病。从病鸡粪便和小肠、盲肠黏膜镜检到球虫卵囊，可进一步确诊为珍珠鸡小肠球虫和盲肠球虫混合感染。

防　治

（1）药物预防　在饲料中添加抗球虫药物抑制和驱杀球虫，以预防珍珠鸡球虫病的暴发和流行。珍珠鸡生产中通常选择那些抗球虫谱广、性质稳定，能够提高饲料报酬、促进珍珠鸡的生长发育，组织中残留量少的药物。长期使用同一种药物，易导致球虫耐药性的产生，定期更换药种类是提高药效、避免耐药性产生的有效方法。定期换药主要有穿梭用药和轮换用药两种，但要注意变换的抗球虫药不能属于同一类型的药物，以免产生交叉耐药性。中草药添加在饲料中对预防鸡球虫病也有一定的效果。

（2）加强饲养管理　成年珍珠鸡与雏珍珠鸡分开喂养，以免带虫的成年鸡散播病原导致雏鸡暴发球虫病。保持鸡舍干燥、通风和鸡场卫生，定期清除粪便，堆放；发酵以杀灭卵囊。保持饲料、饮水清洁，笼具、料槽、水槽定期消毒，一般每周1次，可用沸水、热蒸汽或3%～5%热氢氧化钠溶液等处理。每千克日粮中添加0.25～0.5毫克硒可增强鸡对球虫的抵抗力。补充足够的维生素 K 和给予 3～7 倍推荐量的维生素 A 可加速珍珠鸡患球虫病后的康复。

（3）免疫预防 据报道，应用珍珠鸡胚传代致弱的虫株或早熟选育的致弱虫株给珍珠鸡免疫接种，可使珍珠鸡对球虫病产生较好的预防效果。亦有人利用强毒株球虫采用少量多次感染的涓滴免疫法给珍珠鸡接种，可使珍珠鸡获得坚强的免疫力，但此法使用的是强毒球虫，易造成病原散播，生产中应慎用。此外有关球虫疫苗的保存、运输、免疫时机、免疫剂量及免疫保护性和疫苗安全性等诸多问题，均有待进一步研究。

（4）治疗 使用药物预防珍珠鸡球虫病仍是目前防治球虫病的重要手段。目前，抗球虫药的种类很多，用于防治鸡球虫病的药物主要有 3 类：化学合成药、抗生素和中草药。用化学合成药、抗生素防治鸡球虫病要根据药物的作用峰期确定预防和治疗用药。为了延缓耐药虫株的产生，提高防治效果，可以考虑轮换用药、穿梭用药和联合用药。另外，还要考虑抗球虫药对宿主抗球虫免疫力的影响。如作用于第一代裂殖体的药物，影响珍珠鸡产生免疫力，多用于商品珍珠鸡，对产蛋珍珠鸡一般不用或不宜长时间应用；作用于第二代裂殖体的药物，不影响鸡产生免疫力，可用于产蛋珍珠鸡。抗球虫病抗生素主要是聚醚类离子载体抗生素，例如莫能霉素、盐霉素、甲基盐霉素、马杜霉素、山度霉素、拉沙里菌素和海南霉素等。化学合成药如磺胺类（磺胺氯吡嗪钠、磺胺喹哑啉、磺胺二甲嘧啶及磺胺间甲氧嘧啶）、硫胺类衍生物（氨丙啉、二甲硫胺）、吡啶类（氯羟吡啶）、双胍类（氯胍）、溴氢常山酮、喹啉类（葵氧喹酯或一羟喹啉）、二硝基类（二硝托氨、尼卡巴嗪）、三嗪类（氯嗪苯乙氰，甲苯三嗪酮）、乙氧酰胺苯甲酯。中草药：抑杀虫类（常山酮、仙鹤草根芽等药物）、清热燥湿类（黄连、黄芩、黄檗和白头翁等）、清热解毒类（常见的有青蒿、马齿苋和柴胡）、补益气血类（如党参、当归、熟地黄和黄芪等）、活血止血类（如地榆炭、仙鹤草等）。

合理使用抗球虫药应做到：①重视药物的预防作用，并合理选用不同作用峰期的药物。②为减少球虫产生耐药性，应轮换用药、穿梭用药或联合用药，并选择适当的给药方法。③剂量要合理、疗程应充足，并注意配伍禁忌。

根据珍珠鸡球虫病的特点，结合实际，制订治疗方案：

一是利用药物止血、杀死原虫和虫卵。

二是保护肠道黏膜，促进肠黏膜修复，同时补充营养。下午使用浓缩鱼肝油、鱼肝精油等，饲喂时水色见红即可，连续用1周，修复和保护肠道黏膜，以提高珍珠鸡的抵抗力。

三是补肾消肿。晚上用五苓散拌料或0.2%小苏打溶液全群饮水，连续饲喂 3～5 天（因为磺胺类药对珍珠鸡的肾脏伤害很大）。

四是增加营养。在珍珠鸡的日粮中适当增加豆饼或鱼粉的含量，提高蛋白质、维生素、矿物质、氨基酸等水平。

五是加强饲养管理和环境卫生。在用药治疗病鸡时，饲养管理、环境卫生差，都会不同程度地降低药物的敏感性。并对整个鸡群进行消毒，饲槽和饮水器经过2%热氢氧化钠溶液洗涤消毒，预防控制细菌感染。及时清除珍珠鸡舍内的粪便，保持地面的干燥，以防止二次感染。

2. 组织滴虫病

组织滴虫病又称黑头病或传染性盲肠肝炎，是由组织滴虫寄生于珍珠鸡的盲肠和肝脏引起的。主要发生于两周至3～4月龄以内的雏鸡和育成鸡，成年鸡病情轻微。

临诊症状和病理变化

本病的潜伏期一般为15～20天。病鸡表现精神倦怠、食欲减退或废绝，缩头拱背，身体蜷缩，下痢，粪便有淡黄、淡绿、便血等现象，多为水样硫黄色粪便。头皮呈紫蓝色或黑色，所以叫黑头病。病情发展下去，患病珍珠鸡精神沉郁，单个呆立在角落处，站立时双翼下垂，眼闭，头缩进躯体卷入翅膀下，行走如踩高跷步态。病程通常有两种：一种是最急性病例，常见粪便带血或完全血便，另一种是慢性病例，患病珍珠鸡排淡黄色或淡绿色粪便，这种情况鸡很少见。较大的珍珠鸡慢性病例一般表现消瘦，体重减轻，珍珠鸡很少呈现临床症状。感染组织滴虫后，引起白细胞总数增加，主要是异嗜细胞增多，但在恢复期单核细胞和嗜酸性粒细胞显著增加，淋巴细胞、嗜碱性细胞和红细胞总数不变。一般多呈慢性经过，最后导致明显群体消瘦、衰弱或贫血，增重缓慢，也有呈下降现象，至50日龄死亡率26%。

剖检可见龙骨突起呈刀脊状，盲肠壁肿胀、溃疡、内有灰黄色干酪样肠芯，肝表面有黄绿色环状，其中央有似火山口样凹陷溃疡灶。有的盲肠黏膜有出血性炎症，肠腔充满血液；有的盲肠膨大，腔内充满干酪样，切面红白相间呈同心圆样的栓子，多数为一侧盲肠发生，也有两侧同时发生。

诊　断

主要依据发病情况、临诊症状和病理变化进行初步诊断。进一步确诊有赖于病原学的检测。实验室检查，采集病鸡的新鲜盲肠内容物，用40℃左右的生理盐水稀释，充分混匀后静置片刻，稍稍沉淀后吸取中上层液体做悬滴标本，用10×40倍显微镜观察，可见到大量形状不定、呈钟摆运动的原虫。

防　治

及时清理粪便，堆积发酵，消灭病原。保持鸡舍、运动场清洁卫生或采用网上平养、笼养，避免珍珠鸡直接食入虫体造成发病。同时驱异刺线虫、组织滴虫。异刺线虫卵为媒介是组织滴虫病的主要传播方式，驱异刺线虫在治疗该病中具有重要意义。在投喂药物的同时适当补充多维素，在本次治疗中喂药3天后珍珠鸡停止死亡并逐步恢复健康。平时要注意鸡舍清洁卫生，大小鸡分开饲养，在流行地区可用0.015%～0.02%二甲硝咪唑拌料预防。

3. 珍珠鸡虱

鸡虱是寄生于珍珠鸡体表的一种寄生虫，体小，雄虫体长1.7～1.9毫米，雌虫1.8～2.1毫米，见图142。白天藏伏于墙壁、栖架、产蛋箱的缝隙及松散干粪等处，并在这些地方产卵繁殖；夜晚则成群爬到珍珠鸡身上叮咬吸血，每次一个多小时，吸饱后离开。其数量多时，珍珠鸡贫血消瘦，产蛋明显减少。如果产蛋窝内白天比较阴暗，该虱也会出来活动吸血，以致珍珠鸡不愿进去产蛋。雏珍珠鸡如果感染严重，则可能会因大量失血而造成死亡。

图142 珍珠鸡虱

珍珠鸡体表灭虱方法

（1）沙浴灭虱 成鸡可选用硫黄沙（黄沙10份加硫黄粉0.5～1份搅拌均匀）或用无毒灭虱精、阿维菌素、伊维菌素等，按产品说明配制成稀释液，再按黄沙10份加稀释液0.5～1份，搅拌均匀后进行沙浴。

（2）喷雾灭虱 春、秋、冬季中午，可选用无毒灭虱精（用5毫升无毒灭虱精加2.5升水混匀）或用侯宁杀虫气雾剂、无毒多灭灵、溴氰菊酯等，按产品说明配制成稀释液，进行喷雾（将鸡抓起进行逆向羽毛喷雾）。

（3）环境灭虱 可选用无毒灭虱精或侯宁杀虫气雾剂、无毒多灭灵、杀灭菊酯、溴氰菊酯等，按产品说明配制成稀释液，对鸡舍、运动场的地面、栖架、墙壁、缝隙、垫草等进行喷洒，杀灭环境中的鸡虱。必要时隔15～28天重复用药1次。